U0055584
奇異果
文創
奇思異想之果
溫柔革命閱讀

奇異果文創
奇思異想之果
溫柔革命閱讀

毛孩子，不哭了

《小獸醫的醫診情緣》

林煜淳 著

目錄

†談心情†

†說觀念†

推薦序

最貼近獸醫師工作、釐清飼主疑惑的寵物書

獸醫師在日常生活中扮演著不只是為家中伴侶動物的健康把關的角色，還有動物園最近人氣夯的圓仔、畜牧動物的生長、流浪動物的照護絕育等等，都和獸醫師息息相關。

現今忙碌的社會中，寵物與我們的生活愈來愈密不可分，就像是我們家裡的一份子。和寵物在一起時會開心，而生病時則讓我們擔心，還有我們傷心時候寵物的貼心。我們和寵物在一起，時時刻刻都為牠們著想，哪怕不是從小看著牠們長大也一樣疼愛牠們，甚至為了照顧牠們而很久沒有旅遊的家庭更不計其數。

臨床獸醫師每天面對著不同的病患及飼主。有的時

候面對著不只是單純皮膚搔癢或是腸胃不適的問題，大大小小的疾病，生離死別，到了分開或是下重要決定的那一刻，每位飼主都有不同的面對態度，從慌忙失措、無以適從，到堅強面對、認真和醫師配合。在每個案例中，獸醫師都扮演著不同的腳色，而信賴感的建立則十分重要。面對醫療專業問題時，我們扮演老師的腳色，必須帶給飼主正確的觀念和對疾病的認識。例如：書中所提到的用藥迷思、高齡動物所要面對的慢性疾病等等。面對生離死別時，我們扮演朋友的腳色，安慰他們並和他們共同分擔，從旁分析每個決定的優缺點，又尊重飼主最後的決定。有時，又擔任政府對民眾的宣導管道，像是該認養流浪動物或是該購買寵物。

診所中碰到的狀況往往就是社會的縮影，每個走進醫院的飼主及寵物的背後都訴說著各種不同的故事。林醫師從醫多年，現在以文字的方式來闡述平時面對飼主時所碰到的狀況，並頗析作為一個臨床獸醫師內心的看法與想法。

書中多以獸醫師的角度卻又像朋友般侃侃而談，道盡了臨床獸醫師在情感上及實務上的工作和心路歷程，對於飼主和醫者的溝通有莫大的助益！

寵物醫療市場的提升需要醫者的努力，更重要的是毛孩子家長的觀念想法之進步。有了正確的觀念，可以減少許多不必要的花費。

動物看診的方式和邏輯跟人類有極大的差異，本書能幫助飼養者釐清許多心中的疑問。

對於初次飼養的家長而言，是一本絕對值得細讀的入門書籍。

同時對於未來想要踏入小動物臨床領域的朋友而言，也能探究工作上最真實的一面。

林醫師有著跟一般獸醫師不太一樣的家庭背景，家族走過三代的獸醫時光，更能深刻體會整個市場環境的改變。在不斷追求更新穎先進的診療同時，能本著愛動物和熱切付出的心態，實屬難得。我把這一本最貼近獸醫師工作和富有教育意義的書籍推薦給各位讀者！

——台北市獸醫師公會理事長、楊動物醫院院長
楊靜宇

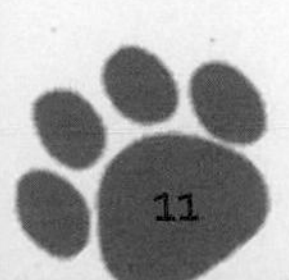

推薦序

必讀的寵物書

小兒煜淳，人稱小獸醫（因為他經營的部落格，以小獸醫自稱）現在是博愛動物醫院的林醫師。作為父親，我以他為榮。

博愛動物醫院是家父（林聖傑）在民國四十八年創院，當時是台北市也是全台灣第一家私人的動物醫院，因他是受日本教育，所以一開始叫「博愛犬病院」，後來陸續更名「博愛犬病診療所」，再傳至我手中再次更名「博愛家畜醫院」，再傳至小獸醫遷址擴大規模更名為「博愛動物醫院」。

「博愛」由父親（今年九十二歲）創院，我由於耳濡目染，更因為自己對獸醫工作充滿興趣，於是立志走向這一途，念了獸醫科系，跟著父親腳步，運用本身所學加上父親的經驗，從事獸醫工作已逾四十載。

小獸醫在同樣的環境下成長。從小就抱著小狗嬉戲、睡覺，眼看著爺爺、父親每天忙著為寵物診療，當「獸醫師」是他心中早就定下的志趣，大學聯考僅填兩個志願，台大獸醫及中興大學獸醫系，他也如願的完成學業。大學一畢業立刻投入臨床獸醫行列。為了拓展視野，並能與外界新的資訊連結，一開始他選擇到外面上班，從最基礎的菜鳥獸醫師做起，一步一腳印的慢慢學習、磨鍊。臨床醫學是結合學理及實際的艱鉅工作，必須膽大心細，步步為營，經過三至四年的磨鍊，他再回到「博愛」開始另一個里程。

醫學的領域是日新月異，稍稍停頓，就會跟不上新的趨勢。小獸醫常利用假日及晚上下診的時段（晚上十點後）不斷參與大大小小的研討會、在職教育等等，學習、接受、吸收了新的東西，包括硬體設備、診斷的方

法、新的學理、最新的藥物等等，也讓我這老派獸醫師受益匪淺。

他將新的東西傳遞給我，而我能給他的是那些歲月累積的經驗及正確的觀念，更重要的是面對生命的態度、診斷時力求抽絲剝繭、下處方審慎再三，以及應用我們的醫學與專業學養盡力去解決寵物的病痛。

但是，有時候還是無法挽回重病的寵物，心中所承受的壓力與自責，這是作為一個醫師最難承受的課題。

經過時間和經驗的堆疊，經歷及學術能相互為用，小獸醫已能獨當一面。

小獸醫部落格的經營，初期只是將臨床上看診的心得、過程、開刀的病歷、特殊的案例記錄下來，慢慢開始獲得不錯的回響，其中更包括教育飼主的文章，寵物診療的過程、寵物保健、飼主與寵物的關係、寵物的飼育管理、飼主與醫師的溝通，將醫、病、人、物、藥，用嚴謹的態度，流暢的筆觸，娓娓道來，至今已有六、七年的時間，累積的篇幅也不少，於是興起付梓成冊的念頭。有這樣一個懂得上進，懂得回饋的兒子，當然值得鼓勵，也是當老爸的驕傲！於是全力支持他寫出這本《毛孩子，不哭了──小獸醫的醫診情緣》。經過幾個月的整理，共寫成五十篇文章，包羅萬象，有感性，有知性，有理性，更具人性。他道出獸醫師的酸甜苦辣，道出飼主與寵物的深厚情誼，更多的是飼主對寵物的管理和保健。這是一本寵物的飼主們和正想飼養寵物者必讀的書──祝福讀者和你們的寶貝健康愉快，每一天！

──博愛動物醫院前院長、現任顧問醫師　林煒皓

推薦序

獸醫師，一條甜蜜的不歸路

獸醫師在二、三十年前不是一個光鮮的行業。每每父親友人詢問我讀的科系時，父親總是回答「生物系」，出了社會開始執業之後，一旦有應酬場合提到自己的行業時，總是遭到冷嘲熱諷，「狗醫師」、「看畜生的」、「為啥不醫人而去醫畜生呢？」好朋友稱我為「林醫師」，其他不認識的人總是投以尊敬的眼光，但最後還是會問一句：「請問林醫師是看哪一科的？」答案揭曉之後總是引起哄堂大笑。然而，我總是以我自己的行業為榮，想辦法讓那些對獸醫行業不熟悉的人們更瞭解我們在做什麼，我們可以做什麼，我們專業的程度其實並不輸給人醫。這二十幾年來在很多前輩獸醫師的努力下，獸醫已成為新的顯學，莘莘學子擠破頭想進獸醫系，讓獸醫系就讀的門檻幾乎僅次於人醫的醫學。

大家或許只看到光鮮的一面，一間間裝潢亮麗的動物醫院，連人醫都讚嘆的醫療設備。這底下還有許多不為人知的辛酸血淚：超時的工作、動物的攻擊、一堆的呆帳、愛心的壓力、巨額的設備成本，以及很多民眾把寵物醫療當成修理車子一般的消費心態，「醫師你要保證醫得好，我們才會付錢。」或是「沒救活你還敢收錢呀？」或是「把我們家狗狗醫死了！賠錢！」

這麼說來獸醫師總是有一堆苦水，但是，救治動物的快樂卻也是無法言喻的。動物不會講話，無法溝通，所以在進行診療時必須更加細心觀察及邏輯推理。獸醫師幾乎是包山包海地進行診療工作，從皮膚科、泌尿科、產科、牙科、骨科、眼科、急診加護、一般外科，乃至於內視鏡微創手術，都必須事必躬親。從腹腔超音波掃描、心臟彩色杜普勒超音波掃瞄、數位X光系統、電腦斷層掃描、核磁共振掃描、胃鏡、支氣管鏡、耳鼻喉鏡，

獸醫師可都是十八般武藝都會的高手。也就是這樣的挑戰，讓我們必須不斷地學習，不斷地更新技術，期待讓毛孩子都能健健康康地離開醫院，這就是獸醫師最大的成就感！

作者林煜淳醫師是我中興大學的學弟，自幼生長在獸醫世家，祖父及父親皆是台灣獸醫界赫赫有名的前輩。也是這樣自幼的熏陶，讓他無論在醫療技術及醫療邏輯上，總是凌駕在同儕之上。《毛孩子，不哭了——小獸醫的醫診情緣》是他這幾年臨床診療上的一些感想，我當然是感同身受。內容中對飼主教育上的期望，也是獸醫界最迫切需求的。這樣的一本書，我願意推薦給所有毛孩子的飼主，以及眾多對獸醫行業有興趣的莘莘學子。

——台北市中山動物醫院總院長
101 台北貓醫院總院院長、貓博士　林政毅

推薦序：獸醫師，一條甜蜜的不歸路

自序

走過三代獸醫

從小就出生在跟一般人不太一樣的家庭，因為我的爺爺、我的父親都是獸醫師。也因為有了這樣的生長環境，我的生長過程和生活結構當中，一直都有寵物的陪伴。

爺爺的那個年代，沒有真正幫狗貓看病的獸醫師。因為當時的台灣，才是寵物市場剛剛要萌芽的階段；沒有獸醫方面的正規教育，更沒有獸醫師證書這回事。他自己去日本接受訓練，同時學了一些技術，包括狗狗繁殖過程當中的配種、接生和剖腹產、簡單的內科看診和打針等等技術。有了這樣的一個淵源，博愛動物醫院當時是全台灣第一間私人的動物醫院。那時候，寵物繁殖正開始興盛，產科成了當時最熱門和應景的技術。當時飼養寵物的人並不多，有一部份的「寵物玩家」會拿狗狗來做選美比賽，也因此爺爺對於剪耳也有很獨道的技術，這些都是因應當時市場的需求。以現在的角度看來，當時的獸醫師著重技術更勝於專業。

或者說，當時國內並沒有太多小動物（指狗貓）醫療方面的需求，所以獸醫醫療知識是非常貧脊的。甚至在六十多年前的台灣，狗貓都被認為是畜生，飼養牠們是用來看家和抓老鼠的。當時的狗貓都是吃人類的剩菜剩飯，更沒有所謂的飼料。牠們生病需要看醫師，對當時的人來說，更是一個全新的觀念。但因為爺爺有一雙巧手和一顆慈悲的心，當時只要在台北飼養寵物的人，都知道我們獸醫院。

到了父親的年代，才真正開啟了台灣獸醫醫學的領域。開始有正規的獸醫教育和國家考核的認證。又由於知識大門才剛剛打開，獸醫臨床方面的知識仍然薄弱，當時的獸醫師缺乏檢驗儀器和各式設備可以依賴，因此

也造就更深厚的臨床基本功。又值寵物市場的大門打開，產科、寄生蟲問題、傳染病問題，在當時都是最大的需求。老爸曾跟我說，早期狗貓根本沒有預防針可打，病毒性腸炎的肆虐，造成當時狗狗很高的死亡率，來醫院打點滴的病患大排長龍，有些狗狗還得在候診的地板上做輸液。

父親的產科功力傳承了爺爺的經驗，再加上專業知識的併用，他打響了博愛動物醫院的聲譽。他曾經在一天之內做過七台剖腹產的手術，這是現在的獸醫很難體會的。我也覺得那個年代的獸醫師很厲害，因為醫藥品和醫療器材的取得是很匱乏的，所有的東西都要靠自己想辦法，不同於現在的醫師，很多東西都已經有商品可以輕易取得。當時雖然獸醫師有能力幫寵物解決問題，可是缺乏診斷技術和儀器的輔助，經驗仍然是最可貴的臨床工具。動物抽血檢驗和X光的攝像，還都得依賴我們一般人用的檢驗院。

到了小獸醫的時代，台灣社會對待狗貓的心態已經不同以往，寵物被視為我們的伴侶和家人，加上西方獸醫學的進入，醫療資源也愈來愈豐沛。許多過去無法診斷和治療的問題，現在都清晰可見。以往沒有辦法解釋的病症，如今也都可以透過臨床的檢查獲得答案。台灣獸醫的醫療環境整個轉型了。動物醫院愈開愈多，更多獸醫相關的人才也投入這樣的圈子。過去的繁殖觀念在如今響應認養的驅動下反而被顛覆，也因而產科沒落。預防針觀念的普及、衛生條件的進步，再加上流浪動物的管理愈做愈好，寄生蟲和傳染病的案例已日趨減少。再加上現在人對伴侶動物健康的重視，寵物已經進入高齡化的時代，伴隨而來的慢性問題和老化疾病，儼然成為主流。過去的狗貓吃人類的剩菜剩飯，如今卻有各種琳瑯滿目的商品化飼料可選擇，甚至寵物也開始有保健用品、娛樂玩具和零嘴可挑選，與過去截然不同。

走過三代的獸醫，不如說經歷了台灣寵物市場的轉變。不同的年代，不同的趨勢，造就了不同時代的獸醫

師。也許改變的是學理上的觀念，也許變動的是醫療技術的進步，但爺爺和父親所傳承下來的，那股對動物的愛與責任，則是永遠不變的。

談心情

大頭，你好棒！

吉娃娃大頭，是一隻福大命大的小狗。在牠身上，小獸醫看到小生命對於生存意識的強韌，同時也在當中感受到飼主的全心付出。

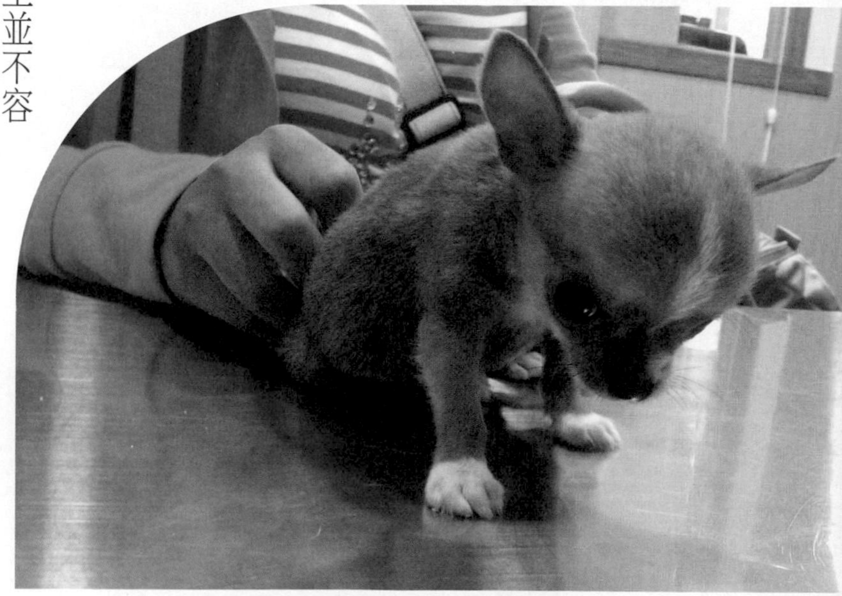

一個生命的誕生並不容易，而能讓一個生命繼續延續的力量，更表現出世間正向光明的一面。

大頭第一次來醫院的時候，意識模糊，四肢癱軟，呈現虛弱半昏迷狀態，而且牠才十九天大而已。飼主說，大頭是這胎產下唯一僅存的小狗，牠的媽媽在妊娠的時候，疑似因為身體虛弱或其他原因而死亡，其他同胎的兄弟姊妹，也都在分娩的過程中夭折了。聽到這樣的際遇，不免讓人鼻酸。經過檢查和診斷，當下我們給予了大頭「新生兒低血糖昏迷」的急救處置。不到十五分鐘的時間，大頭慢慢恢復了意識和活力。

小獸醫針對新生嬰犬的照顧，給了飼主很多的叮嚀和建議。畢竟，要把小baby飼養長大，不是一件容易的事。除了要靠飼主的耐心和愛心，還要看狗狗本身的求生意識強弱，以及身體健康狀況良好與否，這些狀況缺一不可。尤其沒有狗媽媽照顧的嬰犬，要存活下來真的很困難。由於缺少母奶中移行抗體的保護，嬰兒對於外在病原的抵抗力非常脆弱，再加上平均每二小時就必須人工哺乳，對主人來說也不是一件輕鬆的差事。就算能夠做到不眠不休的全日看護，也無法保證嬰犬能夠存活。坦白說，即便給了飼主充分的叮嚀，但對於大頭能否捱過最關鍵的哺乳期，我們並沒有把握。

直到四十五天過後——大頭存活下來了！而且是健康快樂的活著。

前些日子，飼主從永和帶大頭來施打第一劑的預防針。我看到牠手舞足蹈的可愛模樣，心中充滿感動。小獸醫替飼主也替大頭開心，這一刻真是讓人振奮啊！

大頭能夠活下來，在飼主的心中，肯定五味雜陳。大頭的母親因為在妊娠懷孕中，喪失了生命，同胎的其他嬰犬也相繼死亡，所有不幸的事情發生，似乎在告訴我們這個過程彷彿就是場悲劇。但是，也不得不承認，我們又可以清晰地看到，生命是脆弱也是強韌的！大頭從誕生到在鬼門關前走一回，並且捱過了辛苦的人工哺乳過程，對於飼主來說，肯定像是洗了個三溫暖，幸好結局讓人欣慰。

當生命尚未寫下句點的時候，任何人都不應該剝奪其該有的生存權和生存意識。在大頭身上，看到小生命對於「活下來」的那種頑強和毅力，同時也提醒了我們，「今後對於更多病危的寵物，飼主和醫師都應該盡最大的努力去幫助任何一個可能存活下來的生命，不管機會有多麼渺茫。」

能夠活下來的生命是彌足珍貴的。醫師的全力診治和飼主的全力配合，便是對於生命應該要有的尊重與態度。在寵物身上，我們真的看到太多的不可能變成可能，而大頭就是最好的見證者了。

當妞妞離開時

飼養寵物，最讓人難以接受的就是生離死別。

動物醫院常是陪著許多毛孩子走完最後一程的地方，這裡收藏了無數飼養者不捨的眼淚。

韓小姐一家人都是我們醫院的老主顧，以往飼養許多狗狗都是來博愛看診。她飼養的瑪爾濟斯犬妞妞，最近也因為嚴重的心臟衰竭及肝硬化離開了。這段時間連日的住院努力依然回天乏術，要送走陪伴十幾年如同家人般的寶貝離開，其難過絕對不是三言兩語可以形容。

這些毛孩子給了我們什麼？

對於視為伴侶的人來說，毛孩子已經不是寵物，甚至可能是比家人更親密的關係。患難見真情，每當寵物處於病痛的時候，身為臨床工作者，更可以深切感受到那種緊密結合的感情。最可怕的並不是死亡本身，最讓人難以割捨的是相處過程的點滴回憶，實在不想畫上句點。

每一隻寵物生命的終了，在臨床獸醫師的心中都是痛，也是檢討所有醫療過程的機會。

是不是在哪個環節上可以更仔細？是不是該對飼主多一些叮嚀？更或者，怎樣的做法可能會更好？

每一個死亡案例，都帶給臨床獸醫師最好的機會教育。

飼主的傷心難過可以很久，但小獸醫不行，不然如何能夠繼續為下個病患診療？

寵物在每個疼愛牠們飼主的心中，都是無價的。雖然我們不是當事者，無法親身經歷他們相處相伴的時光，但從診療檯上他們彼此的連結，我們仍能清楚感受到那一份愛與疼惜。也許，就是這樣一次次愛的展現，更凸顯現在的寵物醫療真的是禁不起一點馬虎。

樂觀看待，這也是驅動一個臨床工作者往前邁進的力量。

有些飼主在閒聊當中會開玩笑說：「醫師，你們覺得那種寵物最好命？」其實，只要真正獲得飼主無私的愛與實質照顧的寵物，就是最好命的！真正的名牌犬未必有好的生活，然而許多曾流浪街頭的狗貓，卻可能因為遇到願意陪伴愛牠的飼主而改變命運。

我們是這些毛孩子心中的全部。如果能夠深刻體會這種超脫人類之間的情感，便會感受到牠們小小的身體卻有大大的力量，溫暖著我們。

這些力量，來自於平日點滴的互動和照顧，絕非瞬間的快樂而已。

每個飼主與寵物的故事，更是沒有什麼可以取代的。

寵物的生命、飼主對毛孩子的愛，以及寵物醫療的真正價值，該如何定價呢？每個臨床工作者跟大家一樣都有掙錢的壓力，但在工作之餘，應該在一次次的生死當中體會更深、學會更多才是。寵物病危時，飼主的託付是我們的責任，如何在病痛中扭轉情勢，永遠是小獸醫最大的目標。

妞妞的離開，帶來主人心中最深的痛。偶爾也跟其他院內的同事聊天，飼主要承受一兩次寵物離開的難過和傷痛，但我們卻要經常性地面對這樣的畫面。在小獸醫的心中不是沒有感覺，而是在這樣的生死過程中，更明白自己的使命。

LOOK at ME!!!
LINE
LINE CAMERA

飼養嘟嘟的老夫妻

臨床獸醫師的工作除了要面對寵物各式各樣的問題，無形當中，我們也跟飼主結緣。這緣分或許長久，也或許短暫，但在這條路上終究是不可抹去的痕跡，更增添了不少酸甜苦辣的滋味。

記得在四年多前，一對相依為命年約八十多歲的老公公、老婆婆養了一隻叫做嘟嘟的混種土狗為伴。他們透過街訪鄰居的介紹，認識了博愛動物醫院。因為他們行動上的不便，加上當時小獸醫提供「出診」的服務，才因而結緣。在老一輩的觀念裡，對於寵物醫療的想法很簡單，但他們對於預防針要每年施打的觀念卻很清楚。他們總會在每年五月中旬時打電話來醫院，跟我們約時間去幫嘟嘟打針。

小獸醫去這對老人家中的出診服務，四年多來從未間斷。偶爾嘟嘟有皮膚病問題，只要他們打電話過來，我也會跑一趟。

人跟人之間的關係真的很奇妙。命運的安排再加上時間的累積，就會讓陌生的感覺轉變成親切和熟悉。老婆婆是很道地的台灣婦女，總是用台語跟我聊天，時而分享和嘟嘟的生活經驗，時而抱怨一些事情，也給了小獸醫那種老人家需要陪伴、訴說和傾聽的深刻感覺。

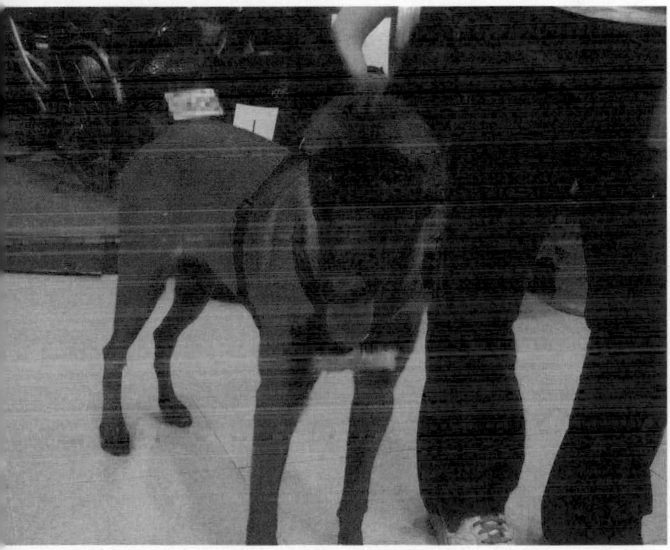

老公公是屬於那種安靜、話也不多的個性，默默做著他的事情，不過給我的笑容卻是格外溫暖。

小獸醫很喜歡跟他們互動，因為他們像疼兒女般地

疼愛嘟嘟，再加上他們總是給我善良的回應和最舒服的微笑。他們的兒女都不在身邊，只留下兩個老人家和一條狗，共同生活在小小的房子裡，靠著資源回收和年輕時存下的積蓄維生——這些點點滴滴的私房故事，都是婆婆跟我說的。

某日上午，我再次騎著摩托車去幫嘟嘟打預防針。我在屋外幫嘟嘟打針，也因此沒看到總是待在屋內的婆婆（婆婆的腳一直都不方便行走）。

離開時，我跟老公公說：「婆婆還好嗎？幫我問候她一下。」結果看到老公公眼睛泛著淚光說：「她在去年的時候，因為肚子裡長了不好的東西已經不在了。」當下我並沒有多問，也不知道該有什麼反應，只是很錯愕地離開現場。

我邊騎著車，腦海裡邊浮現出老婆婆的臉龐和笑容，心中有種說不出來的難過。難以接受的同時，更有種莫名的酸楚湧上心頭。

老公在我離開前說：「現在就只剩嘟嘟陪我了！」小獸醫想，老公公也許沒有老婆婆的陪伴而更增添幾分孤獨，但有嘟嘟在身旁，心中或許也就比較釋懷了。我由衷希望嘟嘟可以一直健康地陪伴著老公公，而我也會在往後的日子裡繼續替他服務。

獸醫師所見證的不單單只是動物的生病和過程，很多因為毛孩子而譜出的音符及故事，更讓小獸醫難以忘懷。

Pipi的白袍症候群

回想起當我們都還很小的時候，往往只要看到醫師可能都會嚇個半死，再想到護士手上拿的針筒，兩行淚水早就在眼眶打轉了。當然這不是所有人的經驗，但卻是很多朋友的「可怕回憶」。即便長大，很多人走進醫院聞到消毒水的味道，恐怕還是會感到害怕。

所謂的「白袍症候群」，泛指寵物看到穿白袍的醫師，因而產生「緊張、恐懼」的情緒，結果導致「緊迫」的情狀。當然，白袍只是一個泛稱，真正的元素是寵物對診療台、醫師、醫院的消毒水味等等，喚起很多「可怕」的聯想和不愉快的記憶。

寵物如果正處於生病的過程當中，又加上過多的緊迫，往往讓病情更加難以掌握，甚至掩蓋真實的情況。外在陌生環境再加上不怎麼愉快的診療經驗，都會讓動物的腎上腺素大量分泌、瞳孔放大、心跳加速、肌肉過度顫抖。這些生理現象，往往會影響實際的臨床檢測數值，像是血壓的升高、血糖數值的上升、體溫增高等等。

打個比方來說：常常聽主人描述，狗狗在家精神很不好，但是在診療台上的情況卻剛好相反。這種案例不少，極有可能因為過度的緊迫，讓狗狗焦躁不安的情緒跑了出來，因而掩蓋病情所帶來的精神萎靡。

另外一個常見的情形：絕大多數的貓咪一到動物醫院，都是戒慎恐懼的，但是過度的緊迫，常常讓原本嚴重的病情變得更加劇烈，尤其可能因為掙扎抵抗而導致休克、呼吸衰竭等等的悲劇。

緊迫對動物來說是一種「隱形的傷害」，對於貓咪、

鼠兔等類的寵物更加明顯。由於無法直接用言語溝通、安撫，與寵物接觸時的肢體動作和說話的語調內容，就顯得格外重要了。當然寵物個個別的差異也是飼主和醫師必須考慮的因素，尤其對於重症或瀕臨休克、心肺衰竭等的寵物，更要審慎應對。

前些日子醫院來了一個「巨大」的客戶，是一隻名為Pipi的伯恩山牧羊犬。外觀雖然非常壯碩，可是臉上的表情還算溫和。但是，聽飼主說，牠可是對白袍的醫師相當敏感！

Pipi在很小的時候因為打預防針和洗澡有過不愉快的經驗，以至於往後只要到動物醫院，就會極度排斥和反抗。

這一次，Pipi的左前腳出現跛行的症狀，牠抗拒進醫院做更進一步的檢查，甚至不讓醫師靠近。小獸醫跟牠在院外折騰了一段時間，最後的折衷之計就只能先開些口服藥讓Pipi回家吃，之後視情況是否好轉再做打算。

此外，Pipi似乎沒有辦法在外面讓外人洗澡，但在家就會乖乖配合。牠小時候對於白袍醫師的不愉快經驗，也間接影響到狗狗本身的社會化能力，因此對於外來的人想要親近，牠都充滿戒心，甚至會有攻擊傾向。

然而，擁有比較好的社會化，對於緊迫的產生也會相對減少。小獸醫希望飼養寵物的朋友（這裡特別指的狗貓），除了照顧牠們的生活起居，適度地加強牠們和人類互動的能力，都有助於因為「白袍症候群」所帶來的緊迫傷害。

社會能力的養成，在寵物幼年時期時是很重要的階段。在這段時間，牠們所感受和接觸到的人類事物，都會形成長久記憶，甚至很難改變，像是Pipi看到陌生人就會產生不安，看到醫師就產生自我保護的傾向，這都是因為記憶所喚起的本能反應。但是，如果Pipi小時候有舒適的就診經驗呢？長大後想必可以跟陌生人有更良善的互動，也就不會那麼排斥看醫師了吧！能讓醫師好好診治，病痛才能儘快解除啊！

獸醫老爸教小獸醫的事

跟很多人不太一樣，我出生在一個爺爺和爸爸都是獸醫師的家庭。

在還沒有真正踏上臨床的這條路以前，即使接觸過很多動物，看了很多寵物醫療的畫面和過程，嚴格來講，小獸醫仍然只是個門外漢。

也許，以現在的獸醫醫學角度看待過去，很多事情和作法已經完全不同。在獸醫臨床這條充滿挑戰，同時承受諸多壓力的路上，老爸是最好的導師。書本上固然有很多新穎的醫學觀念和作法，但臨床上紮紮實實的經驗，依然珍貴。

老爸那個年代的獸醫師，不懂行銷、不懂太多講話的方式，只顧著把病患的問題處理好。他身上所流露出

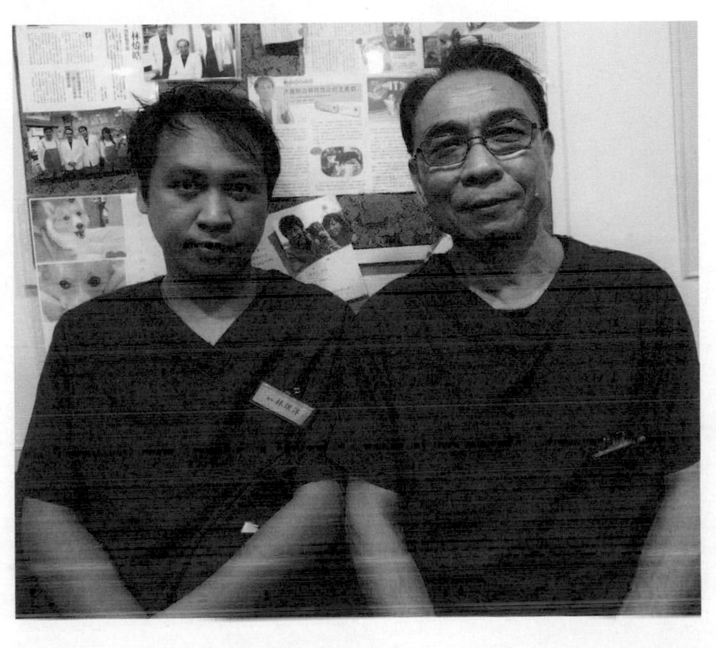

的就是實實在在的感覺，他告訴我：「當獸醫師就是要客客氣氣地對待飼主，同時對動物要多些耐心！」本著這樣的工作態度，跟著他的客人很多都是十幾二十幾年的交情，這些人即便當了爸爸或當了阿公，住得再遠也會回來找他。我想，這是因為他在客戶心中被信任的感覺已經很難被取代了。這是老爸做人做事成功的地方。

臨床上，很多基本功夫都不是在學校學來的，而是老爸這邊點一下、那邊提醒一下而慢慢累積。剛剛開始臨床的道路，雖未跟他共事，但很多舊的觀念和做法，確實是好的。外科手術上可能需要注重的小習慣，往往可能決定整個手術的成敗，也是他點滴的提醒和

傳授。跟他一起工作的這段時間，我們互相討論。我把新的觀念給他，他把過去比較好的做法跟我分享。我有著最好的老師、最好的工作夥伴、最好的朋友。

因為經常性地要面對寵物生病及飼主期待的雙重壓力，他也鼓勵我一定要學習如何去學習抗壓能力。這樣的工作，不可能因為某個歡笑或某些淚水而停擺，甚至要常常面對飼主的不諒解和過度的情緒反應。

獸醫臨床工作，我們面對的是生病的寵物，但與飼主溝通講話的同時，需要多些體諒與同理心。他告訴我：「沒有好的溝通，就沒有好的醫療！」因此說話的能力是這個行業必修的學分；不可以夾雜太多情緒用語，但一定要用飼主能了解的方式，把寵物的病情和狀況誠實表達。

這一路走來，獸醫醫學不斷進步，確實是新的氣象和展望。父親也常常跟我說他的時代已經過去，話語中不免夾帶著一些退隱的落寞。有時也因為自己在臨床上的表現平平而覺得愧對父親的栽培，但認真想想父親所教給我的，不就是實實在在做自己該做的事嗎？醫學領域何其寬廣，只要有顆炙熱的心和認真的態度，絕對可以禁得起公評論斷。

父親從事獸醫臨床工作，已經超過四十年的時間。他帶給了飼主難以取代的信賴感，而對待動物和醫療上的態度，更是我的精神指標。他在台灣的獸醫界，更是許多後起之秀尊重的老前輩。我有這樣一個父親，真的覺得非常驕傲！

父親的精神和在臨床上的付出，是所有認識博愛動物醫院的人可以目睹的。除了撫養我、教育我長大，小動物臨床的道路上，他所給予我的已經不只是工作的事了。

謝謝你，老爸！

小虎離開了

某日下午，一隻名叫小虎的吉娃娃被飼主送來醫院，可惜已經斷氣了。飼主一串串落下的眼淚，勾起了小獸醫一段回憶。即便當下，眼淚不流了，但是，心中還是會隱隱難過。

當我還是個剛出道的菜鳥獸醫時，抱持著無比熱忱和渴望，在小動物的診療工作上面。那時候，對於自己，對於動物，對於自己所要面臨的工作挑戰都充滿了信心。當時認為所有寵物只要經過我的雙手，經過我細心的診斷和治療，一定可以恢復健康並且解除疾病所帶來的痛苦，殊不知道臨床獸醫師所要面臨的，不單單只是動物的生病。

二〇〇二年十月的某一天，小獸醫當時在某動物醫院任職，親眼見到一隻西施寶寶在我面前閉上了眼。牠罹患犬瘟熱，經過多天的治療仍然躲不過死神。從看著牠食慾減退到流鼻膿，進而到後期的神經抽搐，儘管用了該用的藥物和治療，想盡了所有的辦法，也查閱了無數的資料，卻只能眼睜睜看著牠被病魔糾纏，從一隻活潑撒嬌的幼犬，到後來變成再也不會動的冰冷屍體。當時的我，不敢在其他醫師和飼主面前落淚，但是心中的那種自責和難過，直到現在還記憶猶新。——我不能接受，動物的死亡……完全不能……因為我很盡力，而且是盡了所有的能力——我連續三個晚上無法入眠，腦海中不斷思索著自己到底哪個環節做錯了？究竟要如何才能成為一個能幫助小動物解除病痛的「好醫師」呢？

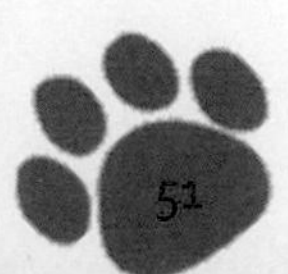

之後，和父親聊了這樣的過程，他只是拍拍我的肩膀說：「獸醫師畢竟只能用醫學和專業來解決和治療動物的病痛，但是不能夠完全掌控動物的生死。」這句話是我在學校裡面學不到，更是獸醫專業書籍裡面所找不到的。父親的這句話，在一個才剛剛踏入臨床的菜鳥醫師單純的心中產生了強烈的迴盪。我知道這是一種考驗，也是每個臨床醫師必須要經歷克服的心理過程。畢竟從小到大，沒有一堂課教授我們如何面對生死。甚至，生死在我們的工作當中，必須要自我承受，同時要從中學習自我克服的。

不知經歷了多少個臨床日子，我開始明白，面對動物的死亡，是殘酷的，也是必須要接受和釋懷的。因為，這也是我們工作當中的一部分。

從那個時候開始，我慢慢體悟生命終究有盡頭，而病痛和意外所帶來的無常，更非誰能夠完全掌握。萬物皆如此，我們診療的病患亦然。就算有著再高明的醫術，

或是擁有最豐富臨床經驗的醫師，想要一再地扭轉生死，甚至將其變成常態，你我都知道那是不可能的。

我只有接受它，才能有足夠的同理心和勇氣來安慰主人。畢竟，飼養動物的人類一定都會有面臨寵物死亡的一天。雖然極度殘忍，卻非常真實。

我更清楚明白，當一個臨床獸醫師除了具備愛心和耐心，還要更勇敢才行。小獸醫的眼淚不該只是在臉上乾涸，更應該把這樣的生死經驗，化成一顆顆的珍珠，告訴自己，「唯有把這樣的疼痛與挫折化成力量，同時不斷學習和自我要求，才能擁有更多的力量來幫助更多需要幫助的動物！」

以後當你的寵物離開時，也給你的獸醫師多一些鼓勵和肯定。因為他們面對寵物病痛的壓力是一直存在的，當寵物從他們的手上離開，更是一種心痛。小獸醫相信在大多數的醫師內心深處，肯定是最柔軟的，也是最堅強的，只是他們不會告訴你。

把寵物的生與死完全都托付給獸醫師，這擔子真的不輕啊！

小虎，一路好走！保重了！

小虎離開了

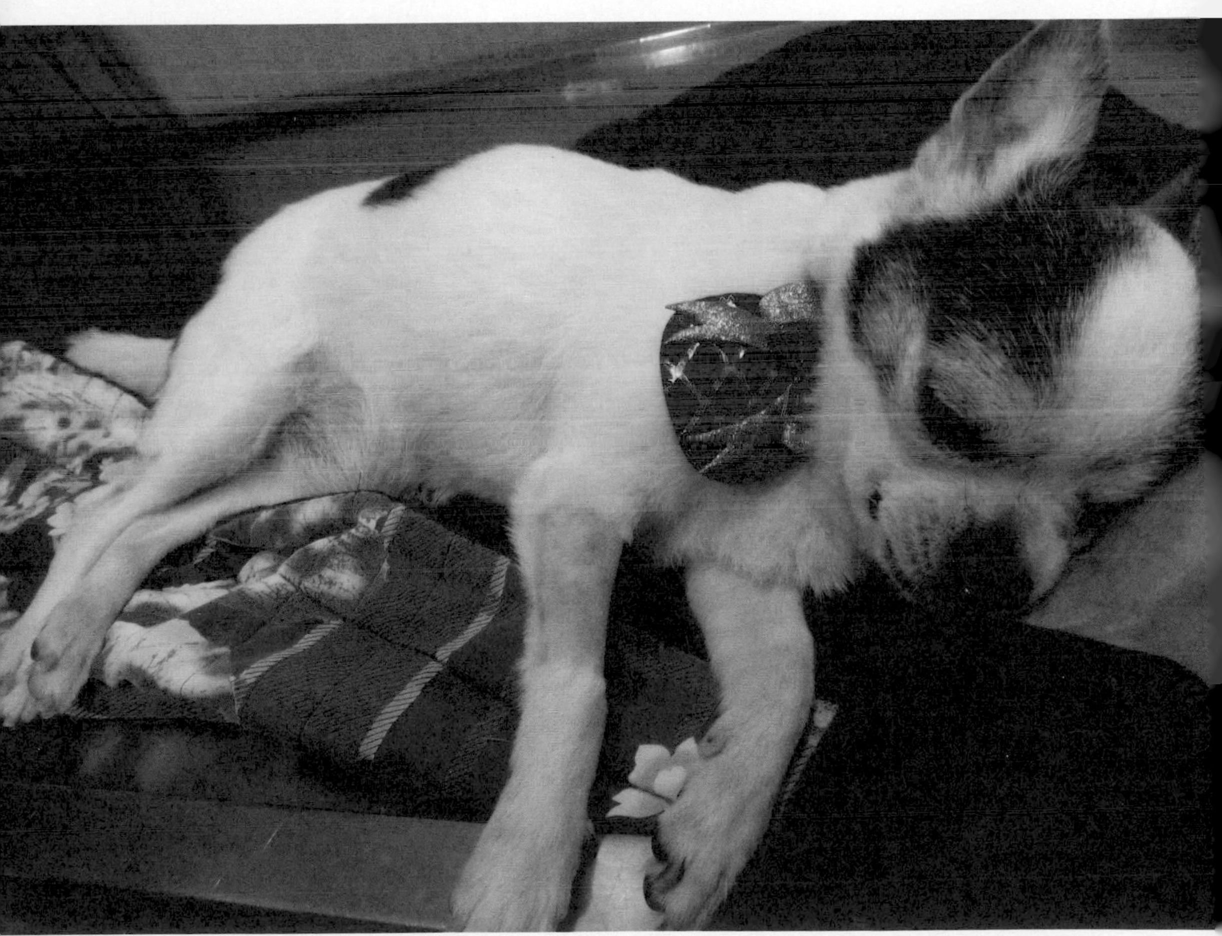

三更半夜替寵物急診的心情

某日凌晨兩點半，手機突然響起了不認識的電話號碼。接通之後發現是一位不認識的飼主打電話來尋求幫忙，透過他的描述和 line 影片的分享，這隻叫做丹丹的瑪爾濟斯犬，似乎看起來疼痛不已的樣子，讓飼主非常焦慮。原本建議這對夫妻可以在白天的時候再帶狗狗來醫院就診，但從電話的那頭可以明顯感受到女主人的不安與惶恐，我也就答應幫他們的狗狗做急診處理。

相約到醫院的時間大約已經快要凌晨三點半，狗狗確實如我在電話裡的判斷沒有立即性的生命危險，卻常常不明原因的改變姿勢、伸頸，同時發出陣些性的鳴叫聲。初步判定是因為疼痛所造成，也在當下給予藥物處理。這對夫妻言語之間，透露了對狗狗的不捨，同時也在我診療之後頻頻感謝。

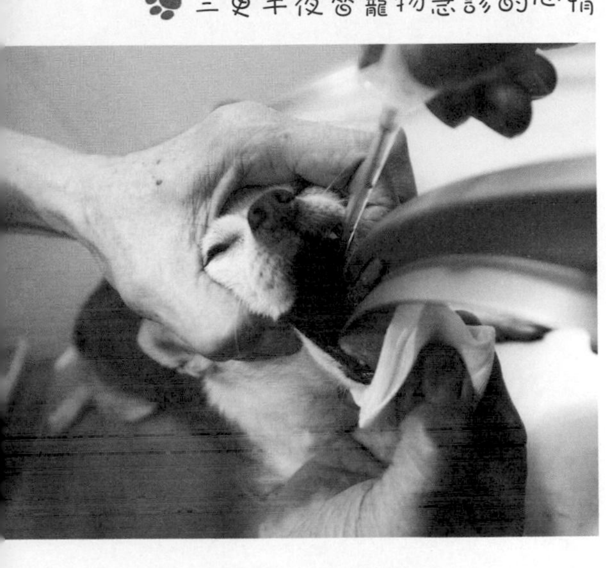

雖然在夜深人靜的凌晨必須爬出被窩，但紓緩了狗狗的疼痛，喚回了飼主的笑容和感謝，小獸醫卻是感到值得。

當一名臨床獸醫師，除了把診療工作好好完成之外，也該適時體諒飼主的心情。畢竟在大半夜的時候，寵物突然出現不適的狀況，他們的無助和焦慮，確實需要幫忙。也許就是那客氣的請求和對動物關愛的執著，驅使小獸醫願意在這樣的時刻幫他們解決困難。我對這夫妻開玩笑說：「如果我不跑這一趟，今晚你們跟我可能都沒辦法好好睡覺！」

丹丹急診後，狀況有明顯改善，飼主也在隔日安排時間來醫院做詳細的檢查。他們很感謝當天有我的幫忙。小獸醫自己則是因為能同理他們的感受，才願意在三更半夜出診，更知道獸醫的責任就是要盡力幫助寵物和飼主解決問題。也許，這不

是一個需要立即處理的急診案例，但我知道我跑這一趟能讓他們安心，這樣的結果也就夠了。

透過這段小插曲，小獸醫仍然呼籲各位飼主平日要多了解家中寶貝的身體狀況，同時也應該事先安排寵物萬一需要急診時的處理。選定自己可以信賴的獸醫師或急診醫院，將是寵物出現意外狀況時最重要的工作。

某些狀況的確需要趕緊處理，耽誤時間恐怕就有生命危險。尤其當寵物出現昏迷、意識不清、呼吸困難（腹部用力同時可能開口呼吸）、鼻孔不斷流出滲出液、不間斷地嘔吐或下痢（甚至伴隨出血的狀況）、血色變得蒼白（可以檢視牙齦或結膜的色澤是否變淡）、高熱或高燒不退、突然之間的抽筋不停或神經症狀等等，就該立即就醫。

如果有患慢性病的寵物，平常就該多跟獸醫師詢問，該慢性病是否可能出現需要立即就醫的某些緊急狀況或症狀。

多做些事先準備，絕對是面對急診時最重要的一層保障。

如今，丹丹的狀況堪稱穩定，而能在這一夜的急診跟飼主與狗狗認識，實在也是難得的緣分。偶爾還聽到他們跟我開玩笑說：「林醫師那天真的比較倒楣被我們找到！」雖然這是一句很溫暖的玩笑話，卻讓我在哭笑不得中帶著感動。

寵物急診考驗著飼主的第一時間判斷，同時對醫者來說也是挑戰性很大的工作。急診的處置良好與否，往往牽絆著許多生命存活的機會。希望丹丹的故事，能喚起更多飼主對於寵物健康的警覺性，而且也盼大家能夠謹記：平日認真的照護，永遠比措手不及的急診來得重要太多了！如果總在最後一刻才期待醫師扭轉寶貝們的生死，真的不容易！

動物醫院的人生劇場

前幾天小獸醫跟同樣從事臨床工作的同學聊天，加上一段時間以來的臨床經歷，心中頗有感觸。

大家對寵物臨床獸醫師的印象是什麼呢？大家對於獸醫師的期待又是什麼呢？

動物醫療本身不是一種很複雜的行為，只要按部就班，由診斷上的邏輯概念去做檢查，病況要能掌握十之八九，對於一個受過專業訓練的臨床醫師來說，並非難事。不過一個「好的」獸醫師養成，絕對是很多因素的結合，並非巧合。

跟同學的閒談當中，大家不禁同樣的感觸到動物被重視的程度提升了，主人對醫療的要求也提高了，醫師的能力也相對提升了，但是唯一變得遺憾的就是「人情的淡薄和人類現實面的可怕與日俱增」。

為何說人性在動物醫療當中，變得讓人覺得惋惜呢？

當獸醫能夠「滿足」寵物的醫療行為，也符合主人的期待，就被當作是「好醫師」、「良醫」；一旦只要「一次不被滿意」（但是並非醫療疏失），似乎就什麼都不是了。其實這種情況時也多見，時也少見。然而，用寵物是否病癒或救不救得活來評定一個醫師的好與壞，絕非完全客觀！不過讓小獸醫真正覺得遺憾並且常常在思考的

是，我們到底要治療的是寵物本身的疾病？還是用一些醫療行為來滿足飼主的「心理需求」呢？病情的變化不見得照著預期走，而醫師的診斷方向更未必是飼主的期待。

那麼，問題到底出在誰身上呢？雙方應該都有檢討的空間！醫師要省思自我的專業度和表達能力，而飼主則要想想自己是否真的相信專業、相信醫生？

動物醫院就像是一個小型的人生舞台，很多人都是停停走走、去去留留，有緣的或許會再和我們碰面，無緣的也就當作是一段美好記憶。我會好好體會這一切，珍惜曾經的相遇。

寵物醫療環境，看似單純，其實複雜。單純的是醫療本身的所有過程和處理方式，複雜的是「主人的自我期待」和「與醫生是否有良性的溝通」。

寵物生病在前，醫師看病在後，生病的輕重往往不是醫師造成，但生死卻要由醫師全部承擔，這樣的觀念實在未盡客觀。花錢的確可以買到好的醫療，但肯定沒有辦法扭轉每一次瀕臨死亡的絕境，或是救回每一條垂危的性命。

如果因為寵物醫療品質的提升，卻換來市場上更多醫療紛爭和醫病惡化，我想這是所有人所不願樂見的。過去的年代，也許飼主懂得不多，卻反而多了些人情味；現在的時代進步了，飼主因為懂得多了也要求多了，這並沒有不好，但人與人之間的尊重和情感，是否要因此被抹煞？恐怕是大家都可以認真思考的問題。

動物醫院就像人生舞台的縮影，充滿了無數的現實，可喜的是依然有很多溫暖。

心情三溫暖

某日上午，一位飼主氣沖沖地帶著一隻長期在院內包月美容的狗狗跑進醫院。不分青紅皂白的對我們大聲嚷嚷：「怎麼帶狗狗來醫院洗澡，結果會被咬成這樣？」小獸醫在第一時間還搞不清楚狀況，只見到男女飼主非常氣憤的模樣，以及那隻貴賓狗狗臉上的無辜表情。

事情的經過如下：這隻紅貴賓是院內長期美容包月的常客，飼主因為環境乾淨和管理良好，所以選擇本院。然而，事情發生的前一週，該狗狗出現了急性濕疹的症狀（只有背部輕微病灶），飼主帶牠來洗澡，並接受皮膚病治療。小獸醫當時幫狗狗打了針，同時給予外用藥膏和口服藥。結果一週後，飼主帶牠來院聲稱該犬當時被其他狗咬傷，我們卻沒有告知，並且強調已經帶到別的動物醫院鑑定，認為傷口是因為被狗咬傷所致。

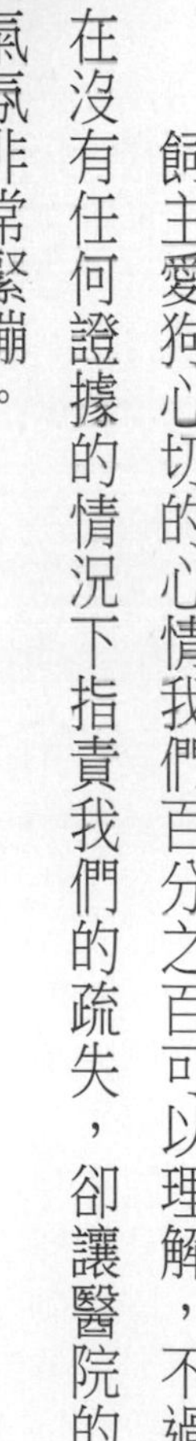

飼主愛狗心切的心情我們百分之百可以理解，不過在沒有任何證據的情況下指責我們的疏失，卻讓醫院的氣氛非常緊繃。

把事情發生的始末釐清之後，我們提出了一些應該可以冷靜思考的疑點。

第一，如果當時狗狗在洗澡後發現咬傷的傷口，飼主是否應該在隔日或幾天後就帶來，怎能把事情的發生推給一週以前？第二，當時的病灶有兩處，背部的位置有一個小洞、耳朵內側有三個小孔。用合乎常理的邏輯去判斷，被狗咬傷所產生的傷口通常是兩個洞或四個洞的（犬齒的穿刺痕跡），而且也會伴隨造成皮膚的撕裂傷；再者，咬痕的中間也會有間隙，不可能如同老鼠般的齒痕那樣小。背部出現的傷口很明顯可以排除是被狗狗咬的痕跡，除非能用單顆牙齒去勾出這樣的小傷口。至於耳朵內側的三個洞更讓人匪夷所思，因為咬傷通常發生在外側部份，只有耳內被咬傷，真的很難讓人相信。

在旁等候門診和拿藥的客人當時也見證了整個過程，反倒幫我們去跟貴賓狗的飼主理論，因為真相很容易被分析和理解。等飼主宣洩完情緒好一會兒，聽到我們的耐心說明，才覺得事情似乎不是他們所描述的那樣，最終轉為很客氣的道歉。

後來又聽飼主補充說，該狗狗當時出現皮膚問題，僅僅抹了三天的藥膏，卻因為狗狗不願意吃藥，也就沒再繼續餵藥了。沒有按照醫囑的方式去治療，當然也無法收到自己預期的效果，而後才轉往他院治療。整個事件到後來是和平落幕，而該犬也繼續接受本院的治療，被誤認為咬傷的皮膚患部終究獲得很好的控制。

愛寵物心切我們真的都明白，但是絕對不能在發生問題的時候，一味把責任歸屬全部推給獸醫師。可再回頭想想自己是否有盡到照顧的責任？另外也該釐清病情發生的來龍去脈。該飼主並沒有依照醫囑服用藥物和回診解決問題，原本輕微的皮膚病卻因再轉診而差點導致糾紛。至於別家的獸醫師是否真的有判定是咬傷或當中有所誤判，恐怕也只有飼主自己明白。事件的發生讓我們遺憾又無奈，畢竟衝動又欠缺理性溝通的方式，差點釀成一場紛爭。雖然事件最後是和平落幕，但依然讓人餘悸猶存，彷彿洗了個心情的三溫暖。

至於為何在皮膚病的患部會出現小洞，我們判定是濕疹的病灶處出現表皮破裂的情形罷了。也很謝謝當時為我們挺身而出的那兩位客人，適時的跳出來扮演潤滑劑的角色。同時藉著這個案件的發生，呼籲各位毛孩子的家長：以後帶寵物到動物醫院就診，要盡可能地去配合獸醫師，假使過程出現狀況，也應該抱持理性的態度溝通。病情和治療過程，並非完全依照「常態」的方式來演變。當中出現其他問題，也要立即和獸醫師反應討論。能夠互相尊重和保持醫病關係的和諧，才是替小動物解決問題的真正王道。

小獸醫的職業傷害

前些日子在看診時被貓咪抓傷，儘管這已經不是第一次，而且也只是很輕微的傷口，不過就藉著這樣的機會，跟大家分享一下我們工作當中的另外一部份——非預期性的職業傷害。

動物的情緒很難完全掌握，來到陌生的動物醫院，絕大部分的寵物都是緊張害怕的。加上牠們超強的記憶力，每每只要鄰近醫院百公尺外，甚至主人只是準備要帶牠們出門，因為有著過去診療的投射性記憶，所有不安的情緒已經填滿牠們心中了。

很多朋友常用羨慕的眼光看待小獸醫，因為臨床獸醫師可以常常跟可愛的小動物相處。不過，實際的情況卻是小動物因為生病造成身體不舒服，再加上對於陌生環境的緊張害怕，所表現出來的行為往往很難預測，狗狗不經意咬醫師一口，貓咪反射性抓醫師一下，才是小獸醫常遇到的「待遇」。

動物畢竟不是人，很難用言語溝通或訴諸道理。多一些耐心，多一分勇氣，成為獸醫師必須另外具備的特質。

曾經遇過這樣的飼主，因為飼養的狗狗很兇，來到醫院就診時沒有辦法幫忙保定就算，還留下一句話，「你們獸醫師也怕被狗咬喔？」

那輕忽的表情真的讓我當下深感遺憾。獸醫是人，手也是肉做的，被咬傷當然會流血、會痛……或許，他沒想到這一點吧？像是這樣不被尊重的感受，我們也只能默默放在心中。獸醫師不是專業的馴獸師，我們的工作是幫生病的寵物看病啊！

能跟多數寵物近距離的接觸是幸福的，卻也隱藏了相當多的危機。今天就有一位婦人帶狗狗來施打晶片，結果狗狗抵死掙扎，拚命抵抗，我們根本無法近距離接觸，更別提如何打針了。飼主用盡辦法，狗狗就是無法靜下來，甚至主動攻擊我們，連飼主也被狗狗整得面紅耳赤、腰痠背痛。我們和牠周旋了將近一個小時，才終於完成鎮靜劑的施打。

寵物平時在家中的表現，不等於外出的反應。在自己熟悉的環境無須太多的防備心，然而，在外面的環境就不是那麼一回事了。所以，以後各位家長帶寶貝到動物醫院，除了病史病情的闡述，也應該把寵物過去對於診療或打針等等的反應告知醫師。多一些警覺，飼主和醫療人員也可免去被攻擊所帶來的不必要傷害。

面對過度緊張的寵物患者而言，適度但安全的保定（保護固定）是必要的。希望大家可以明白，沒有一個醫療人員會故意用力抓狗或抓貓，甚而讓牠們受傷。沒

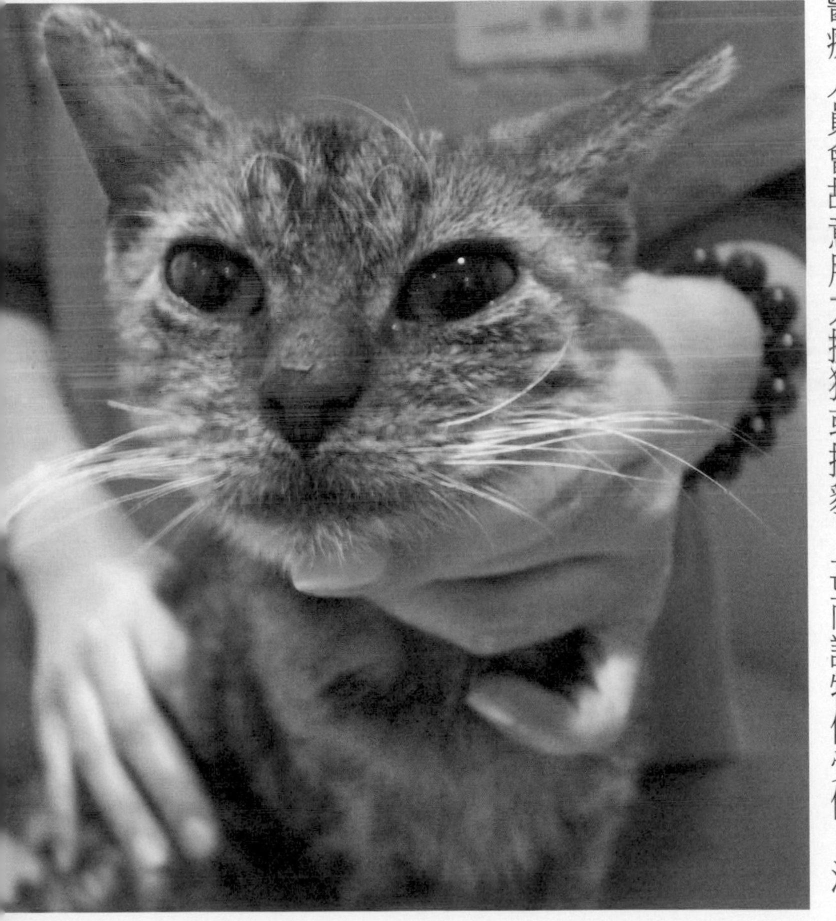

有良好的保定，醫療行為常常受阻，甚至無法進行。

還有一次，有位飼主帶著她的紅貴賓來醫院洗澡藥浴，順便做驅蟲的工作。明明準備要抱牠或靠近牠時，就已經作勢要咬人，但飼主卻自信滿滿說：「我們家的狗狗絕不會咬人！」還要小獸醫當場餵牠吃驅蟲藥。結果，手一伸到狗狗的嘴邊，果不其然被狠狠咬了一口，真的痛到眼淚都飆出來了。像這種外觀看似可愛的小動物，真的要咬人的時候，絕對不會口軟。希望藉由這個狀況的分享，讓各位家長不要對自己的寶貝過度自信。寵物在緊張害怕的時候，平常看不到的獸性是很容易被激發出來的。

此外，臨床獸醫師的工作，似乎也必須要具備馴獸師的部份技能及體力。甚至，也常常因為動物的不肯配合，反而讓自己被針頭扎到，或被刀子割傷。

動物的本能反應我們都可以理解，身為臨床工作者對於這些可能造成的非預期傷害，也要有一定的心理準備。飼主對於寵物來醫院可能造成的緊張情緒，也應該要有所心理調適，甚而給予安撫。如何幫助寵物配合醫者進行醫療，更是每個飼主的責任，絕對不是把動物丟著就好，然後其他都是獸醫師的事。

下次當家中的寶貝因為緊張咬了獸醫師一口，但願大家能多些同理心和體諒：我們真的也害怕手受傷！

請給臨床工作者多一些的安慰和鼓勵！

小獸醫的大欣慰

動物醫院圍繞著許多喜怒哀樂。當我們面對患者的任何問題與疾病時，都是一次次新的挑戰。如果是有立即危險的病患就診，那就考驗著醫療團對是否能夠冷靜處理。

Maru 是一隻迷你麝香豬，某個晚上在博愛動物醫院即將打烊的時候，主人帶牠從松山趕過來讓我們急救，並且在電話中告知 Maru 已呈現休克昏迷狀態。

果然小豬送達醫院時，已經沒有明顯的意識。微弱的呼吸和心跳，奄奄一息。加上手腳冰冷，我們極度懷疑 Maru 因為天冷失溫，也因為低血糖導致昏迷。

經過將近半小時的急救處置，保溫、輸液、氧氣給予、補充高張的葡萄醣液，以及急救針的施打，Maru 似乎從鬼門關走出來，恢復了比較清楚的意識，同時也能抬頭和輕微站立。

看到小豬從失去意識到張眼，我們知道牠已經堅強度過這一關。

女主人從原本的淚水盈眶轉而面帶笑容。雖然小豬暫時脫離危險，但後續照顧的工作依然重要，在這兩天的時間，依然是處於危險觀察期。我們也交待飼主回家必須遵照的照護事宜。隔日電話關心，情況很好，我們也由衷喜悅開心。

每每目睹寵物從生死邊緣徘徊當中走出來，都令人振奮，而且也產生了無限的心靈悸動。努力幫助寵物脫離病痛，拯救垂危的生命，本是每個臨床獸醫師的工作。這是壓力、是挑戰，也是使命。儘管角色立場不同，小獸醫依然可以體會主人「即將可能失去寶貝」的深刻感受。

Maru的飼主跟我們說：「要不是醫師你們，Maru肯定要離開我了！除了感謝還是感謝！」

她說的，我想我都懂，也不斷告訴自己：「在自己的能力之內，都應該盡全力給每個生命存活的機會。」

醫師不能決定生與死，卻往往有扭轉情勢的可能。因此盡全力去做好每個該做的步驟，以及臨場判斷就顯得格外重要。飼主的感謝以及對動物的不捨，看在我們眼裡，都是感動。一聲謝謝，已經充分表達飼主對於我們的努力給予肯定。

讓小獸醫最欣慰的是——當下的努力都值得了，因為Maru可以再重回主人的懷抱。

急救的處理在臨床上，往往跟時間賽跑。如果飼主發現的晚，再多的搶救工作恐怕也無濟於事。當時Maru的狀況如果拖到隔日，結果很可能就是一條生命的結束。

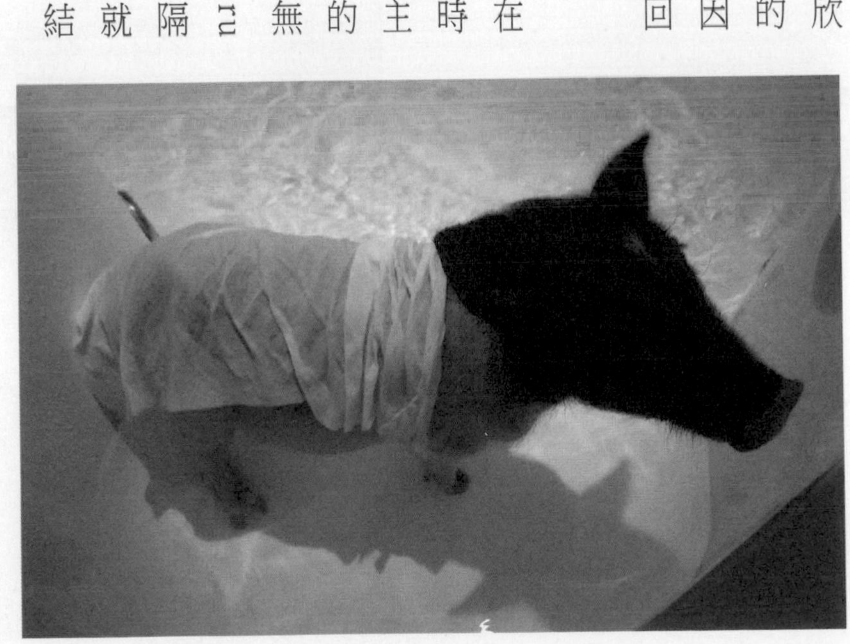

小獸醫希望醫院裡有更多開心、溫馨的事情。

動物醫院裡的心情起伏，常常像在洗三溫暖。每一次，飼主所寄予的期待和希望都是最沉重的壓力。唯有當病情轉好甚至康復，這擔子才有可能暫時卸下。

前些日子，飼主又帶Maru回診。看牠發出淘氣的叫聲，好像什麼事情都沒發生過的樣子，小獸醫由衷欣喜。經過這一次生死關頭，寵物與飼主、飼主與醫師的結合又更加密切了。我們珍惜每一次感動，因為臨床工作的負荷，需要更多這樣的溫暖來自我打氣。

以後，當你的毛孩子受到妥善的醫療照顧時，一句謝謝，可以在臨床工作者的心中迴盪許久、許久……

小獸醫看動物園

之前，木柵動物園發生了動物大量死亡的情形，因而被市議員提出種種的質疑，後來園方也針對此事向各媒體發布了新聞稿。功過疏失與否，外人或個人實在都難以客觀評斷，但同樣身為獸醫臨床的工作者，更可以深刻體會動物那種比人類快速「生老病死」的更迭。

小獸醫雖然是以小動物（狗、貓、豬、兔等）為主要的醫療對象，但是在學生時期，我們也受過經濟動物、大型動物（馬、牛、羊）、鳥類、魚類和野生動物等等的基礎教育訓練。

在大學三年級的時候，小獸醫曾被分派到木柵動物園實習。針對各種動物疾病的醫療診治，坦白說其版圖真的太大了。每一種動物都有著各自的生活型態、生理變化，而外觀和解剖的差異就更不在話下。儘管在很多病情的發展上有雷同之處可以做對照治療，但是種別的差異、個別的反應，依然有很大的變異性。再加上野生動物與生俱來就有「掩飾自身弱點」的特性，在疾病發生的初期階段，不易被察覺。當被我們發現不對勁的時候，往往已經瀕臨生命垂危的階段了。

動物生病發生在伴侶動物（這裡泛指狗與貓等）身上，往往不易被發覺，而野生動物若是有問題產生，那當中與人的距離又更大了。人類醫學跟動物醫學最大的差別，在於人只有一種型態、動物卻有百百種。人生病會表達，可以掌握治療的時間，但是動物不會說，所以常常錯過有效的治療時間點。人身體不舒服的時候，會乖乖配合醫生，動物通常不一定如此。

除了動物疾病的多元性和複雜性之外，診治過程的技術和操作，也是難以克服的要件。試想，要如何接近一頭病厭厭的獅子？如何幫牠打針或抽血？在野生動物身上使用麻醉處理，永遠是必要的考慮。

再者，當野生動物被人類圈養之後，很多原本的習慣和生理狀態都可能發生改變。不同種的動物有著不同的生理習性，要掌握所謂的絕對健康狀態實在不容易。觀察野生動物的情況，遠比觀察那些在我們身邊的寵物，難度更高。

同樣身為臨床獸醫工作者，更能體會野生動物疾病診治的困難性。姑且不論個人的疏失與否，對於願意投入這樣工作的人員，其實應該都要給予肯定。

病理醫師解剖探討死因，往往是事後究責和檢討的

唯一管道。這次發生野生動物死亡率過高的情形，不難讓人聯想是否和最近「氣候溫度驟變」有關呢？對於這樣的案件，小獸醫希望社會大眾能多用理性客觀的角度來看待。儘管動物園對於野生動物的照護、醫療管理仍有很大的進步空間，但是若用死亡率來究責，在實際層面上，真的有很大的討論空間。

野生動物的照顧和醫療是辛苦的，下回到動物園時，不妨也想想那些在背後默默付出的團隊，多給予一些鼓勵和肯定吧！

小獸醫上電視了

之前曾幾度受媒體的邀請，參加了電視節目的錄影。以一個平日都關在醫院的獸醫師而言，的確是很難得的經驗和體會。

「健康兩點靈」的節目，以探討健康保健為主要訴求。那一集的錄製，當然是探討跟寵物直接相關的題材。當天我還帶著院內的店貓小丸子，到攝影棚現場。由於沒有彩排，（因為是 live 播出）只給了主持人和現場來賓一些Q&A 和 run dowm 的稿子，加上時間的緊迫，所以很多問題都得靠臨場的反應。這些內容可能都在平日門診時常常回答，但在聚焦的鎂光燈下還是不太一樣。說不緊張是騙人的啦！除了針對製作單位提供的一些問題作解答，現場也安排小獸醫示範如何幫寵物清理耳朵和簡易的毛髮護理。

小丸子在現場顯得格外緊張，除了安撫還是安撫，最終的表現還算差強人意。畢竟這是一個以知識為導向的節目，當然對談的內容，也多了幾分學術味道。當天節目是下午二點播出，恰逢醫院的門診時間。據說當時很多飼主就帶著毛孩子在院內看我上電視，真的是很特別的感覺。

當天節目最棒的安排，就是請了一個寵物志工，帶了一隻很乖巧的哈士奇，傳達和示範鼓勵寵物的認養。

將近一個半小時的現場談話，最後是以輕鬆活潑的方

式作結束。

另一個節目是庹宗康主持的「哎喲我的媽」，完全以娛樂為導向，請了些藝人帶著他們的毛孩子上節目。小獸醫跟其他受邀的來賓，就是所謂的專家團。

當時錄影的過程，著重的點在娛樂上，醫師所講的話反而有種說不出的對比感，只能針對主持人和藝人的問題，盡可能的解答。甚至，節目中為了多一點趣味，還請了塔羅牌的專家請寵物們一一抽牌。小獸醫想，這些毛孩子心裡是不是真的這樣想，還真的只能留給大家去想像囉！

小獸醫平日都窩在動物醫院裡工作，能夠有機會踏

進攝影棚，跟電視機前的朋友淺談寵物相關議題，是很特別且很愉快的經驗。

大眾喜歡看藝人、看明星，如果能藉由這樣的平台和節目播出，宣導一些正確的飼養寵物觀念，的確是另一種潛移默化的社會教育方式。小獸醫希望台灣的電視媒體，除了以寵物很可愛為出發點作為節目收視率的號召，其實真的可以好好設計與製作，包括認養的宣導、照顧寵物的主題，甚而涉及醫療保健等等相關單元。

電視媒體都以收視率為主要製作導向，但媒體確確實實影響著我們生活的每一天。寵物如同伴侶般地與我們生活在一起，關於牠們的專題報導或專題製作真的有其必要性。小獸醫期盼更多有心的媒體人，可以多花些心思在寵物相關的節目製作上。無論用輕鬆或專業的方式，讓更多民眾知道要怎麼樣去對待這些毛孩子。

子犬和泡芙

動物醫院雖然是幫寵物看病的場所，但是許多人與寵物間的感動故事，經常反覆在這裡上演。

子犬不是一隻狗，而是一位美女。由於本名叫做子玥，同音之下而有這樣的一個綽號。她是一個打扮時髦，長相甜美的女生，成功大學畢業，如今是一間醫美診所的老闆娘。她跟老公都是愛狗愛動物的人士，在忙碌之餘會投入救助流浪犬的工作。當初來博愛動物醫院，是透過某某知名寵物雜誌編輯的介紹。

泡芙是一隻乖巧的柴犬，第一次來博愛動物醫院的時候，大約是在四年多前的年初。當時狗狗因為身體虛弱，所以是被抱著進來的。小獸醫記得子犬臉上滿是淚水和掩不住的慌張，到現在還讓人印象深刻。經過他們一段時間的解說之後，才知道這隻骨瘦如材的狗狗，是

被她從寵物店救出來的。外觀看去，這隻狗狗有營養不良、被毛粗鋼的狀況，同時伴隨著嚴重的鼻膿、高燒和咳嗽。當下幫牠做了傳染病的篩檢、血液和生化的檢查，結果出現脫水和白血球增多的現象，甚至比較遺憾的是泡芙同時有心絲蟲和犬瘟熱的合併感染。

當陽性反應的結果出現後，我們跟飼主分析說明了狗狗目前的狀況。由於兩種傳染病的合併感染，對泡芙來說，病情真的很不樂觀，接下來會造成死亡的可能性非常高。子犬聽完這一切後，不禁聲淚俱下，眼淚和哭聲再也控制不了。泡芙則是虛弱地趴在診療檯上，眼神中彷彿知道所透露的是不好的消息，癡癡地看著子犬。

犬瘟熱又碰上心絲蟲的混合感染，更由於所有的臨床檢查和症狀都不理想，我們對泡芙的病情是持保留且悲觀的態度。但是看到子犬的難過，我們承諾在醫療處理上仍然會「全力以赴」。當天泡芙便接上點滴，開始接受住院治療。

犬瘟熱號稱是傳染病中的頭號殺手，儘管過去我們對於這樣的疾病有不少成功的案例，但是泡芙的情況並不好，因此只能盡全力照顧。

連日來的住院治療，不知不覺一個月的病程慢慢地走過，我們看到牠恢復得愈來愈好。從沒有食慾到胃口很好，從明顯的鼻膿高燒到後來的症狀緩解。因此也大膽評估，泡芙如果能夠耐過犬瘟，存活的機率至少就有八成以上。（心絲蟲感染的狀況，我們評估只有二級。）

這段住院治療期間，幾乎每天都可以看到子犬來醫院探視泡芙。看著狗狗日漸好轉，心情也從擔心害怕轉為開心喜悅。

這段不算短的時間，對狗狗和飼主來說，都是辛苦的，也是值得的。

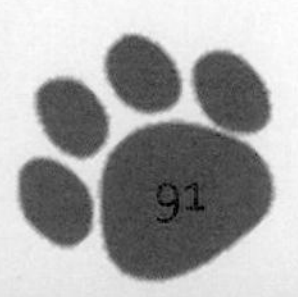

接下來的心絲蟲療程，泡芙也按照治療計畫去走。如我們當初所預期的，牠也順利安然度過。等到所有的狀況得到控制也趨於穩定，我們便讓泡芙出院了。

泡芙遇到子犬，像是電影中的腳本。被遺棄，同時又身懷重病，本該是最悲慘的狀況，卻遇到善心人士的救援，又獲得妥善的醫療照顧，終究讓泡芙從地獄中脫離，有機會邁向美好的生活。

這一切的過程，小獸醫都記在心中。看到泡芙長壯長胖，又能在子犬的身邊被照顧，實在令人動容。

救助動物是一件讓人稱羨的美德義舉，發生在子犬身上讓小獸醫又特別覺得難能可貴。一般人對於美女的印象都是光鮮亮麗，很難跟收容所病厭厭又臭味滿天的流浪動物聯結在一起。

做善事救動物是需要條件和代價的，像是時間、空間和經濟能力等等因素的配合。當我們有多餘的能力來

幫助需要被幫助的動物，那絕對是人類存在的另一種價值。

說觀念

小熊的熱血

人類的醫院有血庫的建立，根據血型、根據病情需要，能夠適時提供全血、血清、血小板等等給病患。在台灣，動物的醫療系統尚未建立起血庫，每每遇到需要輸血的病患，動物醫院只能尋求各方的協助。

小熊是一隻哈

士奇的混種公犬，大約六年多以前，曾經因為嚴重的鉤端螺旋體感染，導致嚴重的黃疸和腎臟衰竭。當時在我們的努力之下，小熊從病危中活過來——這也是王先生與小熊和博愛動物醫院結緣的開始！

我們臨床獸醫師能夠和飼主建立多一點的認識與了解，都是靠時間和碰面次數的慢慢累積。王先生（小熊的飼主）外表看起來就讓人感到很親切，話不多，言談當中總會看到他靦腆的笑容。小熊則是一隻外觀看似威猛，實際上個性相當內向的「大朋友」。牠身上的許多特質和王先生，似乎有種說不出雷同上的巧合。

門診當中，總會遇到嚴重貧血、大量失血或需要血清治療的病患。大多數的動物醫院不是請飼主自行找尋捐血狗，不然就得透過民間管道的幫忙。我們院內的做法則多倚賴客人的家犬。當然要自家的寶貝捐出熱血，一定要經過飼主的完全同意和心甘情願。由於捐血狗的選擇最好能以體重三十公斤以上者為佳，同時預防針的

施打和基本健康狀況也必須良好，因此小熊的飼主王先生也就被我們列為徵詢的對象。

就在兩年多以前，當王先生答應讓小熊捐出第一次熱血後，到了最近的這個案子，已經是牠第四次為了急需要輸血的病患挺身而出。小熊似乎也能夠理解牠的使命，來醫院捐血總是很配合地在診療檯上。

王先生的熱心與默默行善，讓那些病患的飼主除了感謝還是感謝。我們可以說，小熊的熱血幫助了那些瀕臨可能要死亡的病患，而王先生的善良行為，則溫暖了那些飼主的心。

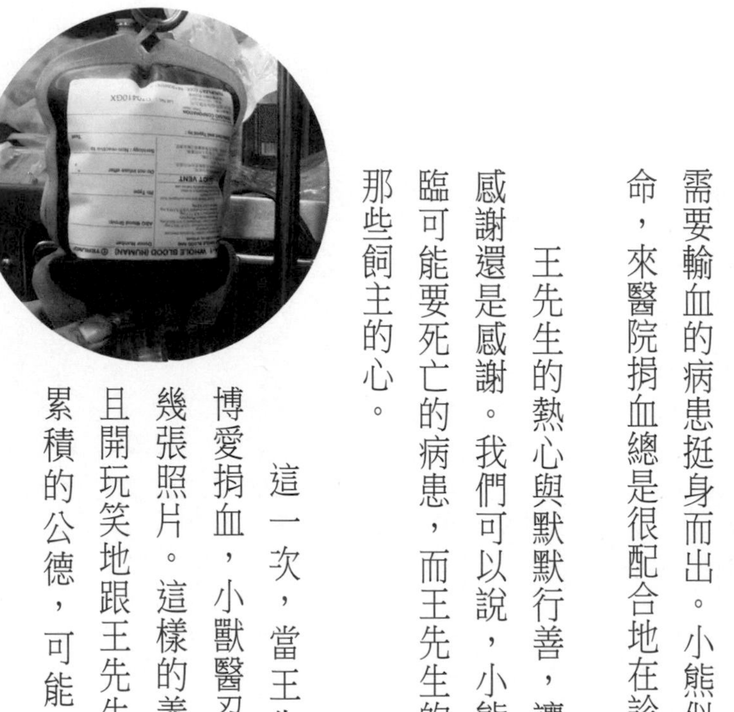

這一次，當王先生帶著小熊再度來博愛捐血，小獸醫忍不住拿出相機幫牠拍幾張照片。這樣的義舉值得大大讚揚，並且開玩笑地跟王先生說：「你們家小熊所累積的公德，可能已經快要變成神仙犬

了！」聽了這一席話的王先生，還是露出那一如往常的靦腆微笑。

更難能可貴的，每次當王先生帶小熊來捐完血，受惠的飼主都會希望能對小熊做些什麼，以表達謝意，而王先生總是回絕飼主的報答行為，最多是買幾罐狗罐頭給小熊當作慰勞。這種默默行善又不要求回報的心意，更讓人佩服和感動。我們的社會也真的很需要這種溫暖的力量，無私且善意的付出。

飼養大型犬種的飼主，如果能夠有捐血救狗的機會，只要比對合適，都應該多多讓自己的寶貝捐出熱血。除了可以幫助需要的病患和飼主解決困難，於狗狗健康上，適當地捐血，更有助於血液循環的新陳代謝。

最後，忍不住提出呼籲，希望大型的獸醫教學醫院、政府機關或者有規模的民間機構，應該要致力於狗與貓血庫的建立，如此能幫助更多需要的寵物。

不離不棄的愛

娃娃是一隻已經十多歲的母博美，而牠的飼主林小姐則是七年級的女孩。小小的狗兒和年輕女孩，外人很難想像他們之間的連結竟是如此深厚。

娃娃患有一級心臟病（沒有臨床症狀），但是在兩年前，開始出現腹水。透過超音波的檢查，出現慢性肝炎的高回音影像，甚至已經有若干纖維化的徵兆。這樣的影像也反應在血液檢查當中，長期低於二的低蛋白血症、低膽固醇、低尿素氮等數值，都解釋了娃娃已經出現肝功能障礙的問題。而腹水的產生也跟低蛋白血症導致的滲透壓不足有直接關連。早期我們曾使用利尿劑將腹水排除，同時長期給予保肝和外源性蛋白的補給，但追蹤的血液生化數值仍然都不理想。後來的利尿劑已經無法有效排除水份，所以林小姐每個月都必須帶娃娃來抽出將近1500c.c（大約1.5kg）的腹水。

由於肝硬化是一個不可逆轉的病況，所以只要是對娃娃好而且有幫助的醫療處置，林小姐都全心全意跟我們配合。腹水是清澈透明的（代表沒有細菌感染或出血的徵兆），再加上中藥、保健品以及飲食的長期控制，狗狗的精神食慾維持得很好。這樣的狀況，如今已經快兩年了。

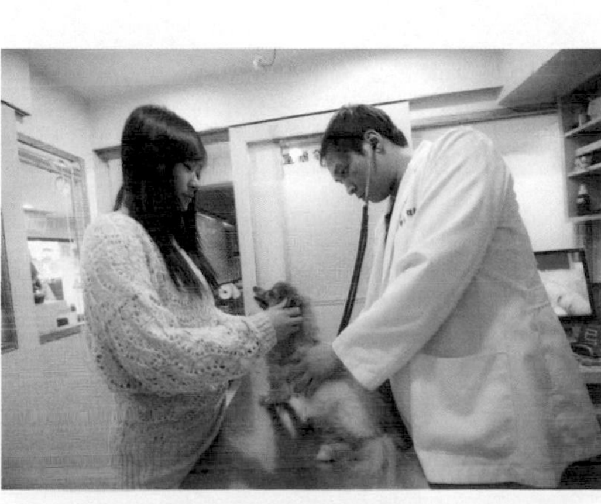

讓我們感佩的是如此年輕的主人，因為愛而願意為狗狗全心付出。

小獸醫也說不上來那種感覺，也許是經過幾次突發狀況，也許是長期互動累積的信任感和認同感，與林小

姐討論病情和溝通治療方式，總是很容易達成共識。娃娃每次回診，就好像是一個天真的小朋友，在診間穿梭來去自如。也許，就是這樣的生命力，讓飼主更不忍輕易放棄。

即使林小姐知道肝硬化可能讓娃娃的壽命只剩下短短幾年，她對於牠的愛，我們都看在眼裡。

只要狗狗還活蹦亂跳，還能開開心心的吃吃喝喝，有什麼理由讓我們人類不努力去幫助牠們呢？

十多年的光陰，狗狗如同家人陪伴著一個小女孩轉變成大女孩。這些甜美的記憶，有什麼東西能夠取代它？又如何奢望這樣寶貴的歷程能夠重來呢？

小獸醫在飼主和寵物如此緊密連結的身上看到許多不可能，也產生了莫大的力量。可能因為這份愛的蔓延，讓非常不被看好的病症也有些好的轉機。也因為不願輕易放棄的態度，讓醫者能夠全力以赴。

不禁讓人思考，愛動物真的不需要太多激情和衝動，因為這些激情和衝動來得快、去得也快。靜靜的、不離棄的陪伴才是溫暖和踏實。

我們是否好好珍惜著自己身邊的寶貝呢？

這輩子我們可能飼養了很多隻寵物，但是，別忘了，這些寶貝一輩子的記憶和回憶可能只有我們一個！

真愛回饋

山多利是一隻將近九歲的英國鬥牛犬，長相看起來很滑稽，胖嘟嘟的外型下有著活潑開朗的個性。由於牠的皮膚狀況不穩定，飼主陳小姐都會固定帶牠來醫院洗澡和藥浴。

飼養英鬥和法鬥的主人應該都有這樣的體會，這些類型的犬種與生俱來就有比較多的皮膚問題、耳朵問題、眼睛問題、氣管問題。第一次，山多利來博愛找小獸醫，也是因為嚴重的皮膚病，幸好經常性的藥浴再加上藥物控制，皮膚的狀況堪稱穩定。

然而，真正讓小獸醫感到難能可貴的是飼主陳小

姐。她因為擔心山多利的皮膚問題，家裡的地板早晚都拖得乾乾淨淨，並且為了避免過敏問題和寄生蟲上身，陳小姐還選擇了特殊的消毒水做消毒。至於清理耳朵和保健眼睛的工作，更是不敢怠慢。

經常看著陳小姐抱著二十多公斤的山多利往返板橋—台北，在醫院跑上跑下的，真的讓人覺得很不簡單。

聽陳小姐說，她因為路人批評山多利的外表，為此還常常跟陌生人吵架。

養一隻毛孩子的確改變了一個人的生活習慣。因為愛牠們，所以再多的付出和給予都是值得的。

考慮到皮膚的狀況，衛生習慣變得更好。顧及牠們精神生活和活動空間受限，很多飼主養了狗狗之後也開始有了運動習慣，更願意走向戶外接近大自然。

不禁思考，寵物遇到不同的飼主，決定了牠們不同

的命運。

在此特別誇獎陳小姐，因為山多利遇到了她，才能有這樣的生活品質；如果換做其他飼主，未必有如此待遇了。

當狗狗在健康無虞的情況下，自然表現出心情愉快的樣子，這在山多利的臉上和外在動作表現上，非常容易看到。

狗狗會搖晃著牠胖嘟嘟的身軀，對著我們搖尾巴。時而在地上翻滾，時而又做出俏皮的動作——我們知道牠是開心幸福的！

寵物其實比我們想像的簡單卻也複雜。

簡單的是牠們終其一生都認定我們，希望我們人類能夠多多關注牠們，而牠們的表現就是那樣的自然，毫不做作。我們就是牠們內心世界的全部。

複雜的是牠們也有很多情緒反應。這些情緒可能跟本身的健康狀況、心理狀態，或者飼主的生活方式息息相關，都是需要細膩的觀察與陪伴才能察覺。

跟寵物相處很輕鬆、很自在，不用去算計太多人類複雜的問題。但是，牠們生活上的點點滴滴，卻要我們用心去呵護。

每個飼主都有自己的生活模式，更有自己照顧寵物的方式，只要是用心且付出情感，都是值得肯定的。此外，對於寵物的多方了解，更有助於讓我們知道如何跟這些寶貝們快樂相處。

寵物是一群不會說人類語言的伴侶，但是牠們有很多想法更需要我們用心去聆聽與了解。

有一天，當我們發現生活變得更好、更不一樣的時候，回頭仔細看看，很有可能就是這些寶貝給我們最好的禮物！

重視寵物醫療權

寵物和人類一樣，會有各式各樣的病痛。人類因為身體感到不適，自己去醫院就醫，同時也會把所有的狀況清楚表達讓醫師明白。寵物身體有狀況在初期通常不會自發性的表現，也不會告訴飼主，往往被發現異常，有時候已經錯過治療的黃金期。

由於動保團體的不斷發聲，更因為保護動物意識的抬頭，動物的生存權、生命權以及醫療照顧權，都受到社會的重視。動物醫院存在的目的和社會責任，就是幫助寵物脫離病痛，恢復健康。我們不能篩選或拒絕生病的動物，而飼主所扮演居中的角色，往往決定了寵物醫療的機會與成敗。

一樣米養百樣人，飼主看待寵物的心態也不盡相同。有人視為家人般看待，有人卻認為那只是「一條狗」或「一隻貓」。小獸醫認為這沒有絕對的對與錯，這本來就跟各別的生長環境、教育背景等等有關。

然而，小獸醫特別想強調的是不管是怎樣的飼主，寵物一旦生病，都應該給予牠們適當和必要的醫療權利。如果曾受過病痛的煎熬，請把這樣的感覺放在動物身上吧！牠們在生病疼痛的時候，一樣會不舒服，也一樣會痛苦。不管病痛的嚴重程度如何，我們都應該給予寵物就醫的機會，這也可能是一個活下去的機會！

看到台灣有太多被棄養的動物，其中有一部分是飼主沒有能力或者不願意承擔牠們身上的病痛。無論是

現實考量或客觀的經濟因素使然，都是沒有責任感的表現。任何問題，都有解決和處理的方式——棄養、輕易放棄治療，以及未經醫師宣判的安樂死，都是不應該的選擇。

有位愛護寵物的飼主跟我說，他很難想像那些對於寵物一旦生病就擺爛的主人，究竟是什麼樣的心態。是要讓牠們自生自滅？還是有辦法忍受牠們承受病痛折磨？甚至，質疑不重視寵物生病的飼主：「這些人在生病的時候，是否讓家人都不要理會，也不准他們就醫？」或許這些言詞有些激昂偏頗，但涵義卻值得讓我們反向省思。

寵物的醫療權，應該是飼主的責任也是義務。在決定要飼養牠們成為家人的同時，就應該擔起「不離不棄」的使命感。這裡所指的「棄」並不只是遺棄，還包含了放棄治療、放棄牠們恢復健康的機會。想想那些陪伴我們可

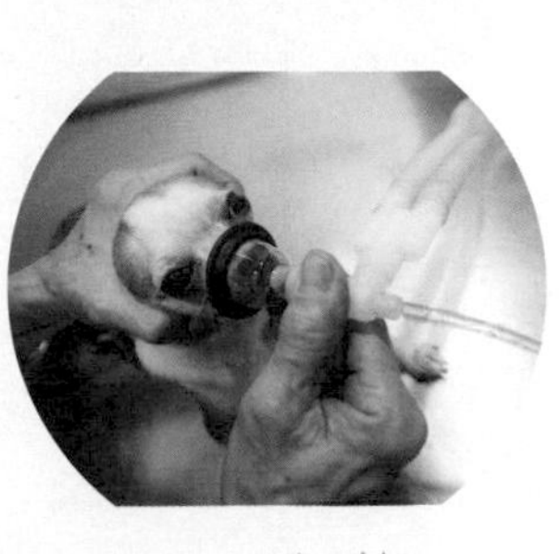

能長達十多年的伴侶，生病時就必須面對主人的「救與不救」，那是何等無辜，也讓人覺得心酸。

在臨床上遇到重病的患者，飼主的反應都不一樣。有人希望獸醫師盡全力去救治，有人則輕言放棄。小獸醫的看法是不管病情嚴重與否，都應該給牠們一個醫療的機會，就算可能有放棄治療的心理準備（當遇到非常不好的狀況時），也應該盡可能去努力。一旦病危就直接宣判死刑，可能錯失救活一條生命的機會。對小獸醫而言，盡可能地救助動物是我們的工作和責任，而宣判死刑和放棄治療不應該是常態。

最後，還是要提出呼籲：飼養者永遠都應該給寵物一個活下去的機會，同時讓牠們接受必要的診療和處置。在寵物生病的時候，不應該剝奪牠們就醫治療的權利！

不得不的安樂術

寵物的平均壽命就算在醫學發達的今日能夠延長，也只不過十多年的光陰。牠們的到來，開心與喜悅；牠們的離開，卻是難過與不捨。不管是喜是悲，寵物用牠們的存在，讓我們體會人生的無常和可貴。

臨床獸醫師在門診當中，無法見證每隻寵物的出生，卻要經常面對牠們的辭世。這很殘酷，卻是最真實的生命輪迴。很多病況，當我們知道後續的發展只會愈來愈不好，甚至再拖只會讓寵物持續承受痛苦時，施予安樂術，則是飼主可能要考慮的選項。

上星期來了一隻叫做 money 的混種狗，飼主說牠已經有一星期的時間不吃東西了。經過觸診，上腹部有一非常硬質性的腫塊。X光和超音波的影像檢查，牠的肝已有明顯纖維化，同時肝臟表面瀰漫著無數的結節，而血液檢查則發現中度白血球增高和肝指數升高的傾向。初步診斷為肝炎或肝腫瘤而導致肝臟硬化。我們建議飼主應該讓money做開腹探查，同時做肝臟生檢。

打開腹腔後，凹凸不平的腫塊散布在所有肝葉表面。肝臟的色澤則呈現臘黃（正常是朱肝紅），觸感堅硬，再加上不正常的組織已經明顯擴散到整個網膜組織，並且伴隨腹水。這讓我們認為，這是一個無法逆轉同時預後也不佳的病況。同時，採樣送檢的肝臟組織，由病理醫師確認這是一個肝臟惡性纖維肉瘤（Fibrosarcoma），轉移機率高達80%-100%，即便做手術處理，高復發和高

轉移的惡性程度，存活時間也不長。當時跟飼主溝通後，決定給予安樂術。

另一個案例是一隻重達九十公斤同時高達十歲齡的母豬妮妮，由於長期反覆性的便祕與脫肛，在當地的動物醫院拿過瀉劑，甚至也用過浣腸，妮妮依然有嚴重的排便困難。這次來博愛找我們之前，已經有一週的時間完全不排便了。手術的處理恐怕是最後的手段，我們寄望將大腸內的糞便取出，必要的話做部份截腸及直腸固定術。但是當手術刀劃開妮妮的下腹部，我們已經確定這是一個沒有辦法處理的病例。因為腫大硬實的大腸外觀像是腫瘤，而這硬如石頭的腸子，從直腸末端一直蔓延到背部，再沿伸到小腸的末端。飼主驚見這駭人的畫面後，也聽從我們的建議給予安樂處理。

這兩隻寶貝的飼主都在我們要施予安樂術時流下了不捨的眼淚，但他們也知道這是讓寵物最

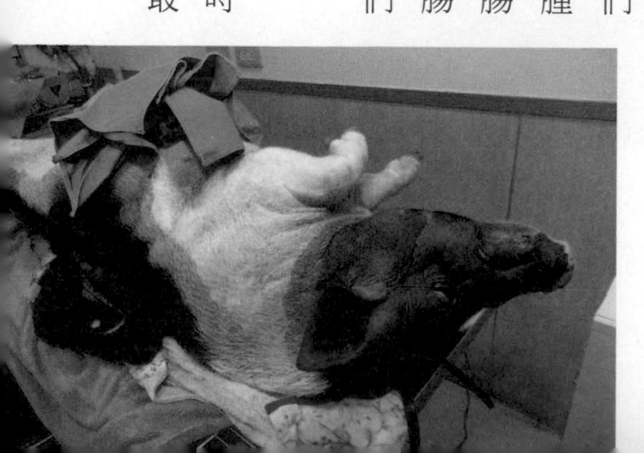

沒痛苦，同時也是解脫病痛最好的方式。

安樂術的處理通常用在不會好的嚴重病症上，並且這些病痛，已經嚴重影響寵物的基本生活能力（不能進食、不能走動等等）。

若干疾病已經被判定預後不良或時日無多，再拖下去可能也是徒增寵物的痛苦，安樂針的給予確實是可以認真考慮的方式。本文當中的 money 已經不進食，再加上腫瘤恐已蔓延全身，接續下來的治療實在已無太多幫助。重達九十公斤的妮妮，如果要把整個大腸切除，預後更是不佳。

安樂術往往不是醫療上最好的處理，但基於人道上的考量，卻是必要的選擇。

善待生命，珍惜相處的過程，同時盡可能把握「有問題即早就醫」的原則，小獸醫想，這些都是寵物用生命的火花告訴我們的。

買寵物回家要注意的事

滷蛋是隻只有兩個月大的法國鬥牛犬，是飼主從寵物店買回來的。牠第一次來看診是因為有上呼吸道的症狀。流鼻水、打噴嚏……經過三天的治療，情況有所改善，不過依然有輕微的流鼻水。我們建議飼主讓牠做「犬瘟熱的抗原篩檢」，結果呈現陰性反應。再經過一個星期左右的治療和觀察，我們確定滷蛋的健康情況良好，才開始預防針的注射計畫。

小獸醫對於「販售寵物」持不鼓勵也不反對的態度。不鼓勵，希望大家多能響應「以認養替代購買」，讓更多需要愛的寵物有個溫暖的家。

不反對，因為「販售寵物」從以往到現在已行之數年，國內外皆如此。把動物當商品販售的本意或許有待

商權，但是選擇自己所愛的寵物和品種做飼養，甚至從小培養感情等等的考量也沒有錯。每個人的需求不同，所以對於購買或認養的方式，不願意以「絕對性的對與錯」來批判。只希望大家能夠清楚知道「一旦飼養了，就是責任的開始！」

臨床上幾乎每天都可以看到，飼主從寵物店購買寵物，回來之後卻感染了致命的傳染病。飼養健康的寵物寶寶的初衷著實令人喜悅，但是如果花了錢，卻又要看到牠們受到病痛的折磨，真是情何以堪。這樣的戲碼不斷在我們的眼前上演，我相信其他動物醫院的醫生也能夠深切體悟。

寵物販售商很多也是有良心的。寵物是否得到傳染病，又是在哪個階段和環境受到感染，真的很難去釐清。我想朋友們可以做的，就是在購買寵物的時候，能多花一點時間去了解買賣契約書的內容，保障自己的權益。大部分傳染病的發病，多在購買回去後的一週到一個月內發生，因此和販售商的詳細事前溝通，以及合約簽定就非常重要。

還有預防針的注射計畫。站在獸醫師的立場，希望大家能夠把寵物帶到合格的動物醫院施打預防針。畢竟預防針看似單純，其實當中還有很多專業的學問和知識，甚至預防針施打的種類等等，都是飼主要認真去思考的。貪便宜找非獸醫師施打，如果出狀況誰要負責？誰能處理？施打的時機點和是否適合注射等等，都需要專業知識。

不管是購買或認養寵物都好，一旦飼養就是責任的開始。事前應該做足完整的功課，包括寵物的住和吃的問題，再來便是醫療保健的相關知識。

寵物剛到陌生的環境，極有可能因為適應能力和抵抗能力等因素，讓潛伏的疾病或其他問題跑出來。因此，建議一「入手」寵物，就帶牠到醫院做健康檢查，而檢查的內容則視動物個別狀況，而且關於諸多寵物飼養和醫療保健的問題，也可以多多詢問所信賴的獸醫師。

很高興看到每隻出生沒幾個月的寵物寶寶，依偎在主人懷抱裡的那種畫面。陪伴每隻寵物健健康康的長大，也是獸醫師在工作的另一種喜悅。滷蛋的樣子真的很討喜，我們也祝福牠健健康康的！也希望透由本篇文章的分享，大家如果有要購買寵物前，能多做一些功課，聽取有經驗人的分享，或者請教您所信賴的獸醫師；多一些準備，將會幫您少掉很多不必要的麻煩和金錢花費！

錢與健康如何計較？

許多飼養寵物的人都有這樣的疑慮，我的狗狗不過是幾天沒吃東西，來醫院為何要花那麼多錢做檢查？我家的貓咪看起來只是腸胃問題，為何不能打針吃藥就好？

景氣低迷，大環境經濟情況不佳的現況，讓很多飼主都會「精打細算」。但是，一件商品確實有議價空間，而寵物健康真的可以討價還價嗎？

醫療絕對不等同於服務業，因為醫療行為需要更多專業知識，同時攸關生命和健康。試想，當我們自己生病的時候跑去醫院，多半會把所有真實發生在身上的情況告訴醫師，然後透過醫師的檢查判斷再治療。這當中，我們可以跟醫師討價還價不要抽血、不要檢查嗎？但是，反觀寵物來醫院看病，不吃就真的單純只是不吃？嘔吐也就只是單純的嘔吐嗎？寵物不會跟獸醫師說自己怎麼了，如果不透過一些必要的檢查，如何找出真正的問題？倘使為了幫飼主省錢，結果省略必要的檢查，但最終問題其實比想像得嚴重，這後果該由誰來承擔？

小獸醫常常跟許多飼主說，醫師無法完全用經驗來診斷所有疾病，檢查的目的在找到問題同時排除問題。如果一切檢查狀況良好，應該更要慶幸問題沒有想像的嚴重，也像是給自己也給家中的寶貝買了張保險。

所有的檢查，都是希望能找到問題的真正所在，同時了解病患此時的身體狀況。

身體健康狀況絕非一成不變。不少飼主質疑：「牠以前都不曾怎樣怎樣的，現在應該不會……」或者：「我

家的寶貝半年前才驗過血，現在還要驗嗎？」這些回應，有些是真的不了解，但有很大一部分其實在計較花費。

很多臨床上的醫療糾紛，因為飼主計較花費，不願花太多的錢做檢查或治療，當然也就在診療成效上打了很多折扣，再加上醫者可能沒有充分把病情的嚴重性讓飼主明白，最終寵物死亡。之後，再回過頭來怪醫師沒有盡到該盡的責任，實在都是事後諸葛。

小獸醫遇過太多患者，初次來醫院的時候，外觀表現和臨床症狀真的沒有很嚴重，但最終病情卻變得非常嚴重，甚至死亡，常常讓我們覺得措手不及。探討當中的原因，大多是沒有把握住檢查和治療的先機。

太多太多的遺憾發生，太多太多飼主的自責或懊悔讓我們感慨尤深。

動物醫院不是慈善事業，小獸醫不想假藉醫師之名裝清高，醫師的確是要賺錢的，而且跟大家一樣有著自己的生活壓力。多做一些檢查或做更好的醫療，如果就要被扣上「死愛錢」的醫師，那實在是醫療市場上的絕對悲哀。

不求好、不求謹慎，一定會帶來醫療品質上的衰敗。過去只幫動物簡單打針配藥的時代已經過去了，我們求的是更精準的診斷和更進步的治療。健康如果可以用金錢計較，醫療的精隨實已不存在。

小獸醫看到太多只要堅持下去就有機會可以救活的病患，卻因為主人對金錢的計較，同時醫者又「心軟」，才鑄下了最終難以挽回的悲劇。相信很多臨床獸醫師都能體悟：寧願被飼主認為是愛賺錢的醫師，也別被冠上是不負責任、不盡力的醫師。

缺憾造就了生命力

上帝在造物的時候，並非都是健康完整的成品，在人類如此，在動物界亦然。站在醫學的角度，先天缺陷往往和基因相關，但是為何發生這樣的狀況，有時候真的很難說清楚。

IVY是一隻將近一歲左右的瑪爾濟斯母犬，第一次來博愛動物醫院門診的時候，已經懷孕六十二天。透過X光的拍攝，我們確認了胎兒的隻數、胎兒大小以及胎位的方向。由於IVY體態較嬌小，我們決定以剖腹產的方式來

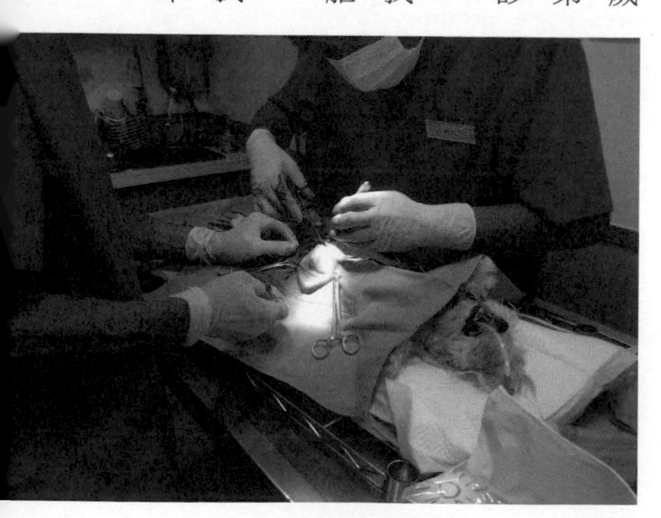

確保生產順利。

本來預計隔日上午才要剖腹，不過狗狗一回家就開始呈現焦慮不安、基礎體溫下降，原本的好食慾也突然轉成不吃。飼主和我們在電話裡溝通後，當晚就決定立即進行剖腹產手術。

由於肚子裡只有一隻寶寶，飼主在旁等待的心情是既興奮又期待。但是，一接生出來，卻發現是一隻兔唇的寶寶，當下有一絲失望的表情掠過臉龐，不過對於新生命的誕生，飼主仍難掩心中的喜悅。

IVY的緊急剖腹產，雖然確保了母子均安，但是小寶寶的兔唇問題卻是個遺憾。不過既然發生了，也只能勇敢面對。結紮完臍帶後，我們也應飼主的要求將兔唇寶寶的上唇裂隙做初步的縫合處理。

兔唇的案例在狗貓身上並不常見，發生的原因可

能多為近親繁殖，或是基因缺陷的表現。兔唇讓寶寶無法順利吸吮母奶，在同胎中極有可能會被自然淘汰。但IVY只產下一胎，再加上飼主有心也有能力代為照顧，因此就算是兔唇寶寶也可能用「人工方式」哺育長大。

可惜的是兔唇縫合的處理，效果往往不佳。因為幼獸吸吮的力量很大，容易將縫線扯裂，就算長大後再做縫合處理，也可能難以避免舔咬搔抓而致癒合困難，讓裂隙終究無法閉合。

無論如何，IVY的飼主洪小姐全心照顧著這隻兔唇寶寶，就算牠不完美也選擇接受與關愛。

另外要跟大家分享的是一隻剛出生只有一個月大的約克夏犬，名字叫做WinWin。牠出生時沒有發生特別的狀況，但是出生後將近一個月的時間，雙眼卻還沒有睜開。飼主盧小姐帶牠來做例行檢查，同時也診治皮膚的問題。

經過觸診，我們確定WinWin雙側的眼眶當中都沒有眼球，這是一個先天性無眼症的案例。聽盧小姐說，狗媽媽在三個小寶貝當中，最排斥餵牠喝奶水，但是WinWin的求生意志卻意外強大。除了沒有眼球、輕微的皮膚黴菌感染外，牠是一隻很健康的小狗。

飼主說，她會努力把牠養大，也會好好的照顧牠一輩子。雖然WinWin先天沒有雙眼，沒有辦法目睹這個世上的一切，小獸醫卻相信，牠會用這小小的身軀去珍惜和愛護自己所擁有的。

臨床診治當中，遇到的多數是生病寵物，在跟牠們、跟飼主的互動過程當中，小獸醫深刻感到生命當中的確有許多說不出的無奈，然而，飼主的愛以及動物本身的生存意識，卻讓我們發現生命力的無限大和無限可能。物競天擇、適者生存，也許是自然淘汰的邏輯理論，但是，更多更多的生命力量在缺憾中強壯。

由寵物生病檢視內在性格

小獸醫從事寵物臨床工作也有一段時間了，與其說看了非常多寵物生病的案例，不如說也看盡了人性百態。

寵物在健康的時候，幾乎都是受到飼主疼愛的。因為牠們會跟人類撒嬌、玩耍、陪同出門踏青，而且大多時候，並不會惹出麻煩來增加主人的負擔。歡樂和

喜悅，總是充滿生活，這是多麼美好的一幅畫面啊！但是生老病死，在寵物身上，同樣會發生。對於生命的無常和更迭，在寵物生病的時候，更可以反映出人類內心最真實的個性。

寵物生病的時候，表現在外的模樣，總是讓人心疼。牠的食慾可能變差，飼主就要灌食灌藥。可能有解大小便的困難，飼主就必須要妥善照顧。如果遇到行動不便或要長期看護的病況，更考驗飼主的耐心。

生病，是世界上最現實殘酷的一件事情，因為它需要我們花費更多的精神、體力、時間、金錢去照顧病患，同時還需要耐心理智地堅持到最後一刻。病好了，我們鬆口氣。如果不會好，甚至隨時要面臨死亡，恐怕都考驗著人類內心最深層的糾結。

很多人用逃避的方式來面對寵物生病。有人則因為驚慌而不知所措，忙著到處找方法抓偏方。當然，也有

人冷靜理智看待，全力和醫師配合。

選擇逃避，通常是不願意面對寵物的生病和死亡，容易讓人詬病沒有責任感、沒有愛心，但這樣的評論往往也未盡客觀。驚慌失措的人，則是不容易相信自己也不相信別人，無法冷靜看待事物，只能慌張地東抓西找，探究內心，只不過是想找到支撐自己信心的著力點。而能夠理性看待同時勇敢面對生病的人，往往是最冷靜且性格成熟的一群人。

小獸醫常跟一些飼主朋友聊天。發現飼養寵物就像在自己面前擺了一面鏡子，牠們能反應我們的所有作為，甚至可以讓自己更了解自己。

面對寵物生病的現實，可以看出一個人的本質——有多重視生命？能付出多少體力和能力？金錢觀念為何？還可以發現

一個人是否能沉著面對問題。

從寵物生病談起，其實是希望以動物的角度，來省思我們人類的自我性格。飼主不只跟寵物玩耍，與牠們相處的方式，也無形中表露出我們內心的真實性格。想要真正了解一個人，在跟寵物的互動當中可以看出端倪。想要知道一個人的真實性格，當遇到寵物生病的困境時，也不難看到其各種面貌。

小獸醫沒有任何影射或批判的用意，單純以寵物生病的現實，來探討人性。當然也由衷希望所有養寵物的朋友，能夠在彼此互動過程當中，更加了解自己。

小獸醫深深相信，飼養寵物和照顧陪伴牠們的這段時間，除了帶來喜悅和生活上的樂趣，在牠們有病痛的時候，也可能間接開發我們自己不知道的那一面，甚至磨鍊出責任感、耐心與勇氣。牠們的存在，也是我們的人生導師。

與寵物的親密行為好不好呢？

現代人飼養狗貓，心態上已經跟過去有很大的不同。從前的「養狗只是為了看家，養貓只是爲了要驅趕老鼠」等想法，如今已經變成「這些寶貝是我們最好的家人、最好的伴侶」。狗貓跟人類的關係，轉變成為家中的一份子，在互動上，當然就更為親密。但是，像是睡在一起、抱抱、親親（甚至喇舌）等動作，以醫學的角度觀點來看，到底好或不好呢？會不會有什麼健康的疑慮？

由於人類對這些伴侶動物的重視程度增加，自然在心態及行為上，會用更多「擬人」的角度去跟寵物互動。親親、抱抱，是人類表達愛所展現的親密行為。至於寵物跟人類接吻，到底好不好呢？大家第一個提出的疑問就是，「會不會有傳染病的疑慮？」事實上，狗貓的疾病，鮮少會直接經由口的接觸傳染給人類。因為現在在台灣飼養的寵物，絕大部分居住的環境都是在室內，再加上預防針施打的普及及重視程度增加，流浪動物減少，所以要因為親親而得到傳染病，機會的確很低。但是，對於健康狀況不明、沒有按時接種預防針、長期會有外出傾向的寵物族群，這類親密的舉動，就要盡可能避免。因為舉凡狗貓的腸內寄生蟲，都有可能透過口來傳染。另外，像是貓咪的弓漿蟲會導致孕婦流產或畸胎（通常是有經常外出，甚至有生食鮮肉的貓咪容易帶原），或是狗狗的鉤端螺旋體感染症（Leptospirosis），很有可能經由口腔黏膜傳染給人類。鉤端螺旋體症可能引發急性腎衰竭、急性肝衰竭等重症。

另外，很多飼主都有這樣的疑慮：「狗狗有感冒會不會傳染給我？」更或，「我有流鼻水等感冒症狀，會不會影響寵物呢？」我們的答案是：「不會！」因為很多病原體對於不同種類的動物，有很高的專一性，狗貓的感冒病毒跟人類是不一樣的。

由以上的簡單分析舉例，我們只能說：「跟狗貓玩親親，是相對性的安全，但不是絕對性的安全！」所以，這類的親密舉動，小獸醫不鼓勵喔！

擁抱是人類之間表達熟悉和溫暖的行為表現，讓人有安全感，對狗貓亦然。在這一類的互動上，相較於親親，較無嚴重傳染病的疑慮。不過小獸醫還是要從「健康觀點」，來做一些提醒。

狗貓的皮膚病，不會直接傳染給人類，但是對於一些皮膚或體質比較敏感的朋友（像是嬰兒、婦女、過敏性的皮膚體質或有免疫功能問題的族群），都要盡量不要直接去擁抱寵物，要接觸最好也能隔著適當的衣物做保護（例如：戴手套、戴口罩等等）。

透過親密的抱抱和撫摸，我們可以藉此跟動物培養感情，同時順勢檢查皮膚和毛髮外觀是否有異常。

如果有外寄生蟲（像是跳蚤、壁蝨），也很有可能造成人類皮膚搔癢和過敏。另外就是在抱抱上，應該採取對動物的身體較無傷害的姿勢。不宜直接抓舉前臂上提，也不宜讓身體的軀幹承受太多或不平均的壓力，否則可能造成寵物脊椎、關節等等的傷害。

儘管寵物跟人類的關係愈來愈親密，我們還是要有這樣的觀念：即使是人跟人之間，都要保持適當的距離，更何況寵物畢竟跟人有更大的差異性，在很多相處互動上，不應該過度被擬人化。

很多的教養和飼養方式，終究只是滿足人類個別的需求。站在動物的立場思考，也許就不一定是那麼一回事了。像是過度的溺愛，常常是動物行為偏差的主要原因。過度的飲食選擇導致挑食。過多的名牌掛在寵物身上，到底是動物很開

心，還是只是飼主虛榮心的作祟呢？

寵物和人類到底應該怎麼互動？甚至該怎麼教養？小獸醫建議飼主應該多閱讀相關書籍，或是請教有專業經驗的獸醫師或寵物行為師。

愛，要從了解開始！當我們決定飼養寵物作為伴侶的那一刻，我們就多承攬了一份責任。牠們的教養，會依我們人類給予的習慣而被深深影響。我們給牠們營造了什麼樣的居住環境和教養氛圍，將導致牠們的習性養成。親密的互動可以適當給予，但不應該是全部。而且狗狗是有階級觀念的（從遠古的狼演化而成），過渡溺愛將導致牠們心中的階級觀念紊亂，於是開始對飼主予取予求。更因為不懂得人類社會的是非對錯而產生相處上的問題，最終頭痛的還是我們自己啊！根據美國收容所的統計，有將近三成左右被棄養的狗狗，是因為飼主教養不當所導致的行為失衡。

最後我們還是要回歸到本篇的主題：與寵物的親密行為到底是好還是不好？經過更多的了解，我想沒有絕對的標準答案。但是，以健康安全的角度來看，的確應該盡可能避免或減少。跟寵物互動的確可以增加情趣和彼此感情，但千萬別演變成為過度溺愛才好。飼養寵物，教養寵物，經過正確知識的學習，會讓我們更懂得如何跟牠們相處，進而獲得更多精神生活上的快樂！

過度擬人化的危險

很多飼主疼愛寵物的程度，讓人驚艷。大方向來看，這是動物的福音，也是人文社會的進步。不過很多意外的發生、問題的出現，都和我們人類，將寵物「過度擬人化」有關。

儘管在情感層面，我們可以將寵物提昇到的伴侶等級，有情感交流，但是在生活和實際面上，過度擬人化的結果，往往會造成很多問題。

門診當中，小獸醫常會提醒飼主：「寵物不應該被當成人類看待！」這裡所指的重點在於「寵物再怎麼聰明貼心，再怎樣的善解人意，牠們的生活方式、行為模式和本能反應，都跟人類是有差別的。」

而且在身體代謝和營養需求也不能以人類的角度完全看待，就像在飲食上，牠們並不適合人類的餐點，除了調味料的問題會造成寵物身體健康疑慮外，挑食行為的產生、腸胃吸收不良導致嘔吐下痢、肥胖等問題，都和所給予的人類飲食有很大關聯。

我們對於外在事物的學習能力，比寵物更勝一籌。對於環境當中各種狀況的適應、調整、處理，也優於寵物。譬如說，人們在成長過程中，知道過馬路要小心，因為很有可能會被車撞，所以行走的時候應當特別注意，但是動物無法正確認知所處人類環境當中的危險，因此一樣是過馬路，恐怕就是「危機四伏」了。再者，人類透過學習，知道環境當中什麼是危險，什麼東西可以碰觸、什麼事情應該要避免，因而能夠減少傷害的產生。反觀寵物，往往無法很清楚去分辨「人類世界的危險」。過度把寵物當作人，把很多事情「合理化」，也就容易造成意外的發生，像是狗狗亂吞東西、貓咪吃下一團毛線等等。

很多飼主會幫自己的毛孩子穿戴衣物，又是鞋子又是帽子，甚至衣服都是名牌製品。當然，給予牠們好東西是一種愛的表現，但小獸醫常常在想：「這些寵物真的知道什麼是名牌嗎？」過度的物質形於外，恐怕真正滿足的只有飼主本身的虛榮心而已。

不希望飼主過度把寵物擬人化，除了希望大家能多用動物的角度思考問題，同時也能多用「防範未然」的心態幫寵物避開意外災害。

千萬不要以為牠們了解我們的喜怒哀樂，也就認為牠們也了解我們世界的全部。

過度把寵物擬人化的結果，可能也會把這些毛孩子寵壞，甚至導致很多偏差行為的產生。

這裡順帶提及狗貓的絕育手術，在醫學期刊上都在在告訴我們可以延長寵物的壽命，同時可以避免因為性賀爾蒙在年老時可能引發的疾病，像是公狗公貓的攝護

腺問題、睪丸腫瘤、圍肛腺腫瘤，或是母狗母貓的子宮蓄膿、子宮卵巢腫瘤、乳腺腫瘤等。但是，很多飼主會擔心寵物的「性生活」不滿足，或者結紮會不會導致性向轉變等等，這也是把寵物過度擬人化所造成的思考方向偏差的結果。

把寵物當作伴侶、家人般的看待照顧，絕對是值得讚許的。

但是，在生活、健康、行為認知上，永遠要把牠們當成動物，這樣的互動和彼此生活才是對的方式。

市場上琳瑯滿目充斥的寵物商品，大部份是滿足人類的慾望，鮮少是針對寵物真正的需要。儘管這些物品可以幫助我們和寵物帶來愉快，但是千萬別誤入「我們家的寵物寶貝就是人類」的迷思。小心過度擬人化的心態，將是寵物發生意外或問題的隱形殺手！

受虐臘腸狗新聞有感

不知大家是否注意到電視新聞或網路上曾經流傳的「虐待臘腸狗的駭人事件」？要不是我親眼目睹新聞畫面，還真的不敢相信呢！在很多網路留言版和討論區看到這幾位虐狗的大學生，受到相當多嚴厲的批評，小獸醫自己也有很多的感觸想跟大家分享。

沒看過這些畫面或新聞的朋友，我想，不看也罷！因為看了真的會很想搖搖頭——讓狗在密閉的袋子裡吸二手菸、讓狗原地旋轉五十幾圈等等的戲虐行為。

對於此事件的批評和苛責已經太多了，當我們表現了生氣不滿之外，也當對這樣的事件有所省思。這可能只是社會的一角，卻反應出我們對於生命教育的不夠，甚至是整個社會的病態行為。

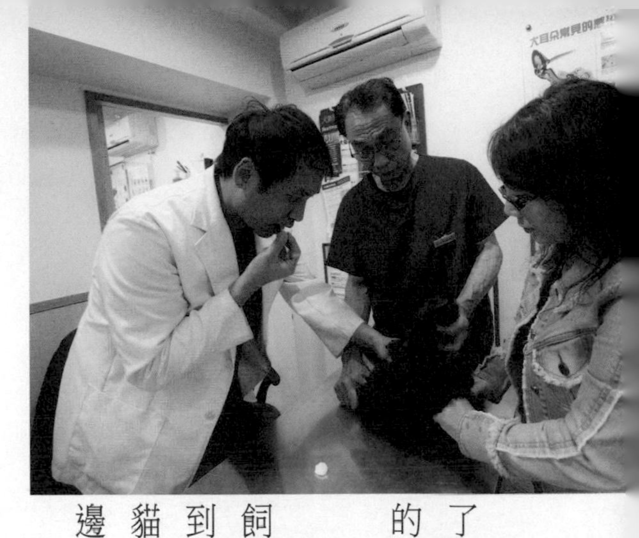

與其怒罵這些人，不如想想是不是我們的社會生病了？這些受到高等教育的大學生，怎麼會作出如此脫序的行為呢？

當很多電視節目或網路流行著現在哪一種狗最夯、飼養哪一種動物最跟得上流行的同時，卻很少看到或聽到「人類和其他動物的存在關係到底是什麼？」、「狗貓到底是什麼樣的一種動物？」、「牠們存在我們的身邊，該如何跟牠們和平相處？」等等的思考。

當我們看到那些虐待動物的畫面在眼前閃過，除了怒罵和苛責外，是否也要想想自己或身邊的人，真的懂得如何正確跟寵物相處嗎？因為沒有正確的觀念、因為不懂、因為只是好玩所以才會發生這些事情，所謂的有沒有愛心可能不是真正的問題核心。最大的盲點在於我們缺乏正確的觀念。

從事獸醫臨床工作好一段時間，有時候仔細想想我

們所該做的，應該不只是把動物的病看好，更廣義的應該包含人類對於動物存在和飼養的正確觀念教育。

小獸醫也想要多提醒自己，在精進醫術和專業同時，社會所賦予我們的使命不該只限於醫療層面，而是更多的人本和觀念教育。

家庭教育、學校教育、社會教育也應該從小在「善待生命、善待動物」的觀念上多加重視。社會上出現這樣的事件，不過是問題的表象，根本上要面對的，恐怕是價值觀和倫理教育的顛覆。文明在進步的同時，人文素養卻彷彿在退步，這亮起的紅燈，是每個人都需要警覺的。不知新聞媒體是否在報導腥羶悚動的背後，也能多做些正面能量的宣導和報導？

現在有了動物保護法，對於一些虐待動物或棄養者有了明確的罰責，的確彰顯動物意識。

多一些正面的教育，甚至從小就學習真正去愛護動物與動物和平共處，我想是每個人都應該共同努力的。當我們在知識暴漲和媒體氾濫的時代，除了追求更多流行與新知，如何保有人類最真誠的良善，應該才是最重要的。

憔悴愛心媽媽的開心笑容

接近中午時分，一位臉色看來憔悴，花白頭髮雜亂的婦人，手上牽著一隻行動不方便的老土狗，他們一人一狗都蹣跚地走進我們醫院。

就診的原因是狗狗陰部有局部性的感染，做過檢查後接著給予治療。

從父親那裡聽聞，這位婦人是將一生都奉獻給流浪狗的愛心媽媽。

細述著她以往故事的同時，也感受到父親言語中的感嘆。感慨的是時間的流逝和歲月的痕跡在飼主身上變化很大，而父親則是最刻骨銘心的見證者。

這位婦人是一個受過高等教育的中年女子，現在大約已經五十來歲，曾是北一女和台大的高材生。她的父親是銀行高階主管，家裡的經濟狀況算是相當優渥。但是，她並沒有選擇過一般人所選擇的生活，甚至因為高學歷和家庭因素的影響而追求崇高的理想——選擇用自己一輩子的青春和積蓄，貢獻給這些路邊撿來的流浪狗。不管是食物來源的供給，或狗狗們所需要的醫療花費，她都不遺餘力。

大約十多年前開始，只要在路上看到流浪狗，她就撿回家飼養照顧。不知不覺，家裡已經累積上百隻的狗。

狗狗睡在床上、客廳、家中各處；死掉的則存放在冰箱。如此的環境，狗狗的居住衛生情況和生活品質肯定不好。如今，她已經年過半百，身體有多處病痛，行動也不方便，似乎無力再收留流浪犬了。

真的很難想像，父親說她過去曾經是一個氣質出眾的大美女。她深邃明顯的五官，終究無法抵擋臉上的憔悴和歲月痕跡。唯有她的笑容和快樂，特別讓人印象深刻。

聽完這段故事，心中感觸很多。做愛心，真的需要付出代價。除了最實際的物質經濟條件，對於體力和精神的消耗，完完全全地刻畫在這位愛心媽媽身上。我想，這也是父親感慨當中帶點不捨的最大原因。

姑且不去評斷大量收留流浪狗的做法是否得宜，但我在這位大姐的臉上看到的是快樂與甘願。這對她的一生來說，肯定是值得的。選擇這樣奉獻的人生，真的很不容易。與一般世俗的人追求功名與物質享受有所不同，她選擇了一條無私照顧弱勢的路途。雖然替她的生活品質感到不捨，但心中存留的是更多的感動。既然她很快樂，旁人又有什麼權力去干涉和批判呢？

小獸醫無法了解更多這位愛心媽媽走這段路的心情點滴，也不好意思問她，基於什麼樣的因緣和故事，讓她義無反顧的決定過這樣的生活？只是因為喜歡跟單純的動物相處？還是對人世間的物質生活與人類的醜態感到失望？還是……？但是，小獸醫想，有一樣是肯定的——她選擇當終身的愛心媽媽，該是非常開心！

以往的愛心媽媽，因為沒有太多的社會資源，照顧流浪動物都必須親力親為。如今時代轉變，台北市街頭已經幾乎看不到流浪狗。加上現在收容所和流浪動物的志工愈來愈多，以及網路資訊發達，奉獻愛心的做法也跟過去不一樣了！

愛心媽媽的故事，相信會引起許多曾為流浪動物付出的人的心中共鳴。

藉著這樣真實的經驗，也讓未來想要踏入救助流浪動物的人思考：自己是否適合？因為付出愛心也需要付出代價，而付出的愛心更需要無怨無悔！

也許，收留一百多隻流浪狗的做法並不恰當，畢竟會剝奪自己和動物的生活品質。但是，這位愛心媽媽的精神，真的讓人感佩，更需要掌聲和肯定。

愛心媽媽，妳辛苦了！

愛動物、救動物，做什麼都對嗎？

近來的電視新聞，常常可以看到某些人因為虐待動物，而遭到責罰的報導。這在過去的年代，是相當不容易被看見的。動物保育觀念的抬頭、動物保育法的制訂及動保團體的日益增加，顯示社會及群眾對於這一區塊的重視。儘管動物的生存權在法律及輿論的保護傘下得以獲得伸張，但是社會大眾對於愛惜生命的人文教育，甚而用更寬廣的角度來看待動保，恐怕也都還有進步空間。

很多想法和意識型態很容易都會變成「只要是我喜歡，有什麼不可以？」，民主的觀念固然可以聽取來自各方聲音，但是自我意識過度高漲，當中如果少了

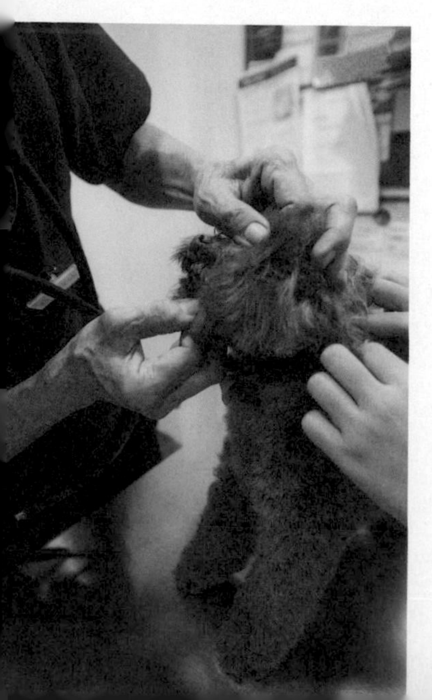

包容、少了理性，往往就會衍伸更多社會問題和亂象。動保團體當初成立的目的是要救援更多流浪動物，以便幫助這些無助的生命得到醫療權和生存的機會，如今這樣的民間團體達數十個甚或更多了。網路和資訊的便捷，吸引了更多愛動物的朋友加入了志工行列，同時也實際參與救助流浪動物的工作。這些都不是壞事，但是在缺乏規範、有所限制和教育的情況之下，很多問題相繼發生。問題絕對不在救動物的本意，而在於個人問題；錯也不在這些不會說話的動物。然而，我們經常看到的是以愛心為名，背後卻變成人類觀念鬥爭、利益角逐的工具。

有些愛動物的朋友，在言詞和行為顯現出比較激烈的反應，本來出於愛動物之心切，實屬正常也可以被理解。不過表達情緒，似乎也應該要顧及他人的想法，甚至包容跟自己不一樣的聲音。

有些人，一旦認定自己的愛心是對的，便認為做

任何事情也理所當然都是對的，但是，因為愛動物，所以可以攻擊其他人嗎？因為愛動物，可以批評不愛動物的族群甚嚴？因為愛動物，所以理當可以要求這、要求那？不順從，就是忤逆？就是沒愛心？就該被撻伐？如果真的是這樣，愛動物的真諦最後變成鬥爭的工具，實在讓人遺憾。

再者，很多志工團體，響應以絕育代替撲殺、以認養代替購買。這樣的觀念，值得提倡，也應該被大大宣導。換個角度，小獸醫想讓大家思考的事情是：繁殖就有錯嗎？購買就有罪嗎？沒有繁殖，將可能造成生物絕種。購買本身並沒有錯，錯在對於繁殖業者的規範是否做好？錯在購買人最終的棄養！可惜很多事情，在資訊不足下，就這樣被汙名化了。

偶聽聞獸醫界的許多前輩抱怨，對於動保團體，不敢惹惱，也不想有過多接觸—因為愛動物且與之長期相處，所以這些人就變成專家，而足以教育群眾，甚至對於醫療能夠評頭論足？

救助流浪犬貓經費的確拮据，但如果過度貪求便宜而忽略品質，反而會扼殺台灣動物醫療的進步。志工朋友所付出的時間和累積的經驗，的確可以是分享的話題，但永遠無法取代真正的醫療專業。

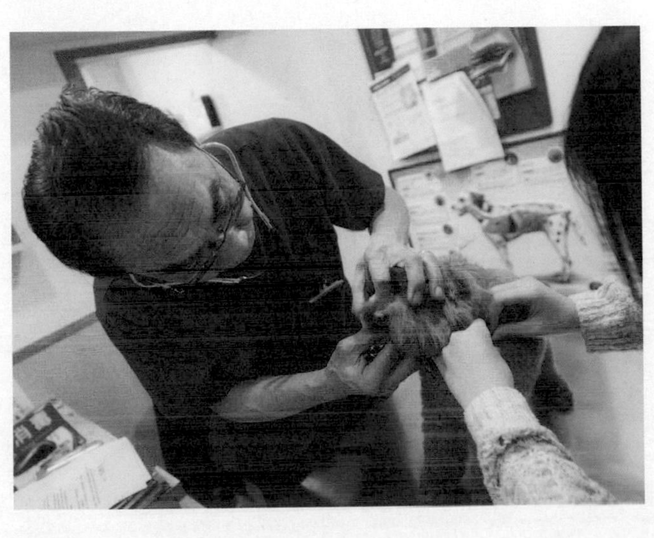

動保的工作是辛苦艱鉅，也是最需要掌聲和鼓勵。小獸醫盼望更多加入的志工朋友，能用更寬廣的心胸和角度來看待這件事情。除了帶來救助動物的熱血之外，也可以用更多不同的視角來看待寵物問題，同時也能確保動物醫療品質的繼續前進。畢竟做愛心，也需要規範，同時更需要尊重他人。

救助流浪動物的現實問題

這幾年來由於保護動物意識的抬頭，救助流浪動物的聲浪，散布在全台每個地區和角落。不少全職志工的投入，更有很多是民眾個人的參與。無論如何，我們都感受到這股不可忽視力量所帶來的影響。

臨床診療工作當中，除了常規性的門診，小獸醫也會遇到許多「從收容所救助出來的寵物」。不管是任何理由讓牠們脫離收容所，都暫時免去「被安樂死」的命運。儘管獲得了免死的出場門票，背後仍可能存有很多問題，是救助者和臨床獸醫師可能需要共同去面對的。

被棄養或被捕捉到收容所的寵物，可能本身早有病痛在身，亦可能有「適應人類社會環境」的行為問題（像是不容易跟人親近、具有若干程度的攻擊性等）。就算原本身體健康，但到了無法做到良好隔離環境的收容所，都有可能因此染病。

救助動物的民眾，在決定救動物之前，恐怕需要做好很多功課，否則將動物帶出收容所，可能是「噩夢一場」。因為這些外觀看似天真無邪的小朋友，恐怕有重病在身，也可能潛伏若干的問題。如果沒有做好心理準備，也沒有足夠的經濟能力，同時身旁缺乏有經驗的人來協助，動物救助的問題常常可能演變成救助者自己的問題。

最常遇到流浪犬的問題不乏傳染病、寄生蟲、皮膚和腸胃道問題，除了這些之外，個別狀況也很多，但是要帶出來之後經過檢查才會知道。如果可能，在將動物救助出來之前，應該先了解狗狗大概的狀況和可能已經存在的問題，事先評估自己所能負擔的預算，接著詢問

志工相關醫療募款或中途事宜，最後再尋找適當的動物醫院。

我們必須承認，台灣的動物收容所環境並不理想，往往從中救助出來的狗狗，都有可能有傳染疾病感染，諸如：犬瘟熱、病毒性腸炎、鉤端螺旋體（犬傳染性肝炎）、腸內寄生蟲（蛔蟲、鉤蟲、球蟲、絛蟲等等）、心絲蟲、各種血液寄生蟲、跳蚤、壁蝨等等。因此被救助出來的狗狗，往往都會送往民間的動物醫院做隔離觀察的工作，確認寵物是健康之後再轉往中途家庭，而後再替牠們找到合適的主人。

對於流浪犬或收容犬的處理，完整的傳染病篩檢是最重要的工作。除了釐清每隻狗狗的健康狀況外，更要避免因為忽略檢查而導致交叉感染。

隔離是另一項重要的工作，（要有良好的隔離環境）目地是要觀察個別的食慾、精神、大小便情況，同時也

要避免緊迫或其他因素所造成的問題。

對於這些暫無飼主的狗狗而言，健康絕對是努力的首要目標。唯有健康情況良好，才能再幫助牠們找到新的家。

事先做好功課和必要的心理建設，有助於在救援動物途中遇到狀況時，能夠面對處理。而救助動物醫院的選擇，真的要看救助者的個別經濟狀況，和所希望得到的醫療品質。我們聽過一天一百元的住院費，也知道有報價收費的醫院（可能較高），請不要一味比價，應該要實際去了解「醫療內容」以及「醫療環境」。如果救動物只求便宜、不顧內容，那麼，很多不檢查找不出來的問題是不可能解決的，甚至很多必須的用藥和處理也可能會被省略。

也許跟醫院協調後能夠有比較便宜的收費，但在小獸醫看來，若遇到重度傳染病、需要開刀的問題或長期住院的案例，醫療費用的負擔都不可能太少。

像是豆寶是一隻混種雪納瑞犬，來的時候被檢查出有艾利希體，而後又被發現有孕在身（已經至少有四十五日齡的胎兒）；我想這些都是當初救助者在將牠帶出來時不可能會知道的問題。

救助動物需要經驗、耐心、時間和一定的經濟援助，妥善做好功課和事前規劃，會減少在救助後遇到困難時的挫折感。

甚至，可以大膽的說，這些狗狗大多帶有疾病或其他問題。救助出來要面臨的第一個現實問題就是醫療費用（費用視病況而有不同）、治療時間（一兩週到數月的時間），以及預後評估（未必能夠存活或者必須終身帶著缺陷等等）。倘若沒有這方面的準備，恐怕讓當初救助動物的美意大打折扣。

量力而為是最重要的。了解病情和醫療費用的負擔，則有待和醫師的完善溝通。

小獸醫懇切希望救助的志工們，能多撥空到醫院來探視狗狗，了解情況。而不是把狗狗救助出來，丟到醫院，就當做是工作完成。

重視動物保育的觀念愈好，代表人文社會愈進步。然而，唯有通盤了解救助流浪犬貓的工作和實際內容，才能真正幫助這些動物。

寵物的食衣住行育樂都要顧

現在的飼主都將寵物視為伴侶，這讓動物醫療品質更加被重視和要求。

然而，我們必須承認，有很多寵物行為問題或疾病的產生，源於人類的飼養管理不當。飼養寵物，不只要用心，更要用腦，要用正確的方式，而非「自己習慣」方式。

每一隻寵物都是獨一無二的「個體」。所謂的個體，就是針對個別的情況所需要注意的地方。

某些犬種，特別容易發生某些問題，因此在飼養和照顧上，飼主就必須具備這些觀念和知識。像是臘腸犬，特別容易出現脊椎方面的問題，但是由於天性又非常活潑好動，應該盡可能避免牠們太常跳躍和上下樓梯。

除了品種和公母等等的差別外，所謂個體的差異，其細膩的部分更應該包含「個性」和「慣性毛病」。個性貪吃的寵物、年齡幼小的動物，都容易因為亂吃造成腸胃問題，嚴重還可能發生阻塞。而慣性，乃因個別體質的差異，有時間、季節性的發生某些方面的問題，像是有些狗狗，只要一到天氣變換或變熱，皮膚的狀況就特別多；某些貓咪，特別容易有外耳炎等等。這些個別上的差異，飼主都應該有所了解。

除了控制問題外，應該多跟專業的獸醫師請益

日常保健的方式，或是飼養管理上需要注意的地方，讓問題發生的頻率減少、嚴重性降低。

以上的個別問題，需要飼主細心觀察和留意，同時經常性的和獸醫師討論更改飼養管理方式。

此外，還有「一般寵物都適用的」飼養管理部份。

食：重質不重量。吃的多，不如吃的足量就好。吃的複雜，不如吃的簡單。盡可能選擇寵物專門的飼料或罐頭，不要養成餵食人類食物的習慣。飼料品質和品牌的選擇，飼主都應該花些心思和獸醫師仔細討論。因為現在的飼料種類分類齊全，加上又有處方飼料的選擇，而吃的好與不好，往往是生病的開端。現在推崇的生肉和自己烹煮的寵物菜單，也是很好的選擇。

衣：寵物沒有穿衣的絕對必要性。不是每一隻寵物都適合穿戴衣物的，這些都取決於個別的體質狀況。比起穿衣服，不如多留意保暖和保護的措施，恐怕比較恰

當。經常性的吹風淋雨、日曬，當然容易感冒和引起皮膚問題。

住：台灣氣候潮溼加上炎熱的環境，絕對是皮膚病好發的地區。適度的除濕、居住環境通風等等，都會影響到寵物的健康。另外就是家裡面的「危險物品」和「危險區域」，都應該是主人要特別留意的地方。小獸醫曾經聽過飼主的貓咪竟然從窗戶跳下去，可是樓層是十樓……後果當然是令人遺憾的。

行：寵物行的問題，大多都是伴隨飼主外出。籠子和牽繩，絕對必要。放任寵物在路上行走，小獸醫認為很不妥，因為很多意外經常在飼主疏忽的情況下發生，像是車禍或者和其他動物打架受傷等等。

育、樂：寵物既然已被視為伴侶，飼主除了要善盡飼養的責任，適度簡單的教育和陪伴牠們玩耍，也是必要的。小獸醫常常跟很多來院內的飼主分享：「寵物

性格的養成，和飼主有絕大的關聯！你怎麼對牠，牠就長成什麼樣子，並且表現在行為和心理狀態上。」寵物不會說話，但是人類所表達和傳遞的訊息，很多時候牠們是了解的。市面上有需多寵物行為的專業書籍，都會提供這方面的知識，告訴我們怎麼去教動物、如何去跟牠們互動。其實，飼養寵物最大的樂趣和收穫，莫過於從和牠們的互動當中，了解牠們的情緒和想法，也許是開心，也許是吃醋，也許是害怕，也許是需要更多的呵護，這箇中滋味，恐怕只有飼養者才能完全體會。此外，重視寵物的娛樂和運動也是必要的，像是去戶外遊山玩水，能夠讓牠們有接觸大自然的機會，藉也活動自己和寵物的筋骨。不過環境的選擇，仍需要飼主多費心。

小獸醫從小和動物醫院的動物一起長大，所以很樂意把這方面的經驗分享出去。請大家要牢記，飼養寵物好比飼養小孩，要養也要教，而且要慢慢去體會和學習如何跟牠們互動，進而知道牠們的行為是想要表達什麼。

有正確的飼養管理觀念，可以省掉很多不必要的麻煩。尤其飼主在寵物生病時，扮演了舉足輕重的關鍵角色。

所以，在找尋可以信賴的獸醫師前，先自省對自己的寵物有多少了解？所用的方式是否有改進的空間？

飼養管理的知識是我們飼養寵物的入門課，觀念和心態對了，接著就是多多學習了！加油！

揭開寵物處方飼料的面紗

還記得自己剛開始飼養寵物的時候，入門的第一個問題是什麼嗎？

絕大多數的人應該會想到吃的問題。

飲食與營養絕對跟健康有著密不可分的關係——家中的寶貝寵物該怎麼選擇食物呢？這是每一個飼主都必須認真面對的課題。

如果真的要談吃，範

圍真的無遠弗屆。小獸醫在此把「寵物處方飼料」的題目拉出來和大家聊一聊。

到底什麼是處方飼料？處方飼料真的有處方嗎？真的可以治病嗎？正常的動物可以吃這方面的飼料嗎？如果需要吃，又該如何選擇？

簡單的說，處方飼料就是「針對寵物品種、個別體質、各式疾病所設計的專門飼料」。那麼，為何稱為「處方」呢？因為這類的飼料，必須在專業的獸醫師建議之下才能使用。

既然是生病時候才吃，是不是有療效呢？答案是「這些飼料依然是食物」。雖然不含治療性的藥物，當中可能添加一些有用的營養素和保健成份，能幫助生病或需要改善體質的寵物。又因為沒有直接的療效，所以處方飼料只能當作食物來源，不能當作治療的主軸。

至於處方飼料要何時使用？怎麼使用呢？小獸醫

很喜歡拿這樣的方式來做比喻，大家會比較容易了解。人類一旦罹患慢性病（例如：心臟病、高血壓、糖尿病等），大醫院裡面的營養師，通常會依照病患的情況，設計一些適合該病人吃的食物，依照營養、依照成份，甚至更講究到個別體質的差異等等。寵物沒有營養師，生病的時候，並非適合吃所有的食物。這時候，處方飼料結合了獸醫師和營養師的雙重功能，能調養疾病又能符合營養需求。

有了處方飼料，確實幫現代的寵物和主人省下不少的時間和麻煩，也代表寵物生活品質的精進和提升。這類的飼料，是經由國外專門的獸醫師、專門的寵物營養師，在制式化的實驗式和環境裡，從功能性、嗜口性去做研究，最後我們得到的都已經是經過層層把關，商品化的成品了。更多的研究報告也都證實，這些處方飼料在臨床上，對於寵物生病時疾病控制的正面效應。

舉例來說，罹患心臟病的狗狗或者需要注意心臟問題的病患，飲食當中就必須控制鈉的含量，同時添加一些對心臟血管有幫助的胺基酸等營養素。

對食物可能引發過敏的寵物，則可以選擇較不容易引發過敏的低敏飼料或水解蛋白飼料。

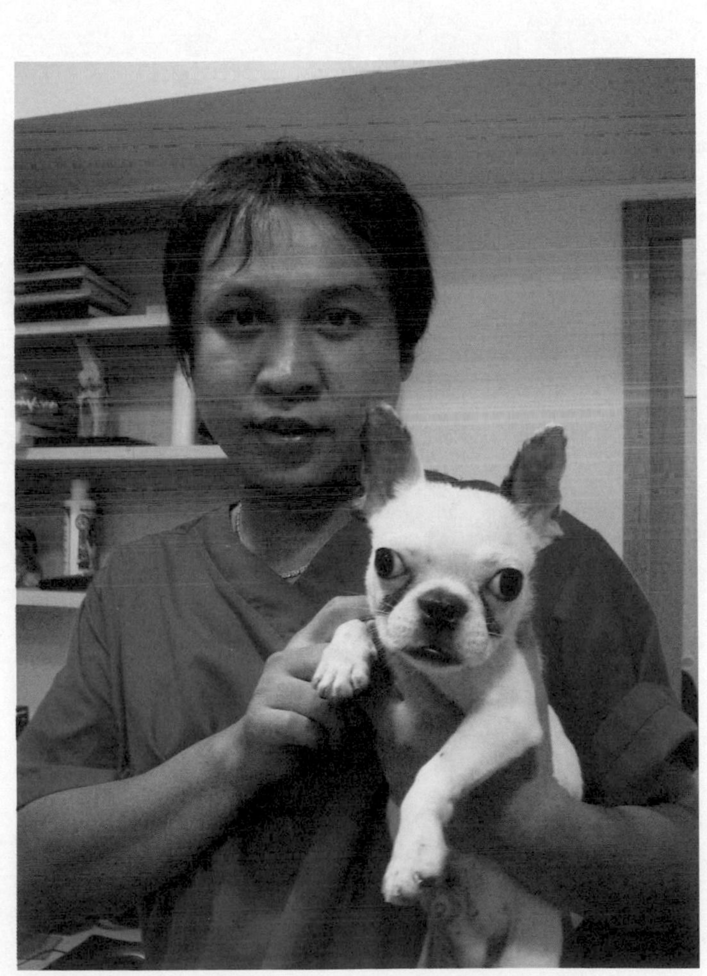

過於肥胖的狗貓，則要選擇熱量較低的食物來源。

容易產生泌尿到結石的寵物，則可以選擇避免結石再產生的處方飼料。

不過既然是處方飼料，就必須要有專業醫師的建議才能使用。畢竟要怎麼吃？何食吃？需不需要搭配其他的東西來吃？要吃多久？這些問題，只有專業的獸醫師，在了解動物個別問題的差異之後，提出來才是最好的建議。而且處方飼料無法治療疾病，最終還是要回到藥物的使用和配合。食物的選擇和建議，只是醫囑照顧當中的一部份。千萬別相信「吃了什麼飼料，什麼病就會好」，這其實都有誇大的成份！

這裡針對「寵物處方飼料」來跟大家分享，希望今後飼主更懂得寵物「吃」的重要性。除了好吃，也應該讓寵物吃得健康。選擇一款適合的飼料，其實是需要專業建議的。下次大家不要再問你的獸醫師：「處方飼料是不是含有藥物啊？」或者再一直對它充滿神祕和不了解了。這一類的飼料應該由醫生的診斷之後給予建議，除了生病的寵物可以選擇，很多預防性問題的做法上，這一類飼料也是很好的選項。

失而復得的咪嚕

寵物遺失是經常發生的事件，如果沒有在關鍵的七十二小時內尋獲，就不易再見到牠們了。

小獸醫從事臨床工作以來，經常可以見到淚流滿面的飼主，驚慌失措地帶著寵物的「遺失啟示」傳單到處發送，希望能夠趕快尋獲遺失的寵物。那種感覺相信非常疼痛也非常自責，我完全可以理解。但是，寵物不會說話，不會表達，更別說會自己認路回家。再加上長期待在飼主身邊，受到溫暖的呵護照顧，突然間的離家，絕對是一件非常殘酷的事。要像流浪犬貓獨自在外謀生並不容易，再加上外在環境的變化多端，更讓人心焦。

基於幫助遺失的寵物能找到回家的路，也為了防止人為的惡意棄養，政府明確規定要幫寵物植入晶片。晶片上登錄了飼主的詳細資料，包括電話、地址等等。當遺失的寵物被好心人撿到，只要帶到動物醫院或相關單位，要重回飼主的懷抱並不困難。但是，遺失的寵物會落入誰的手裡，甚至有沒有可能流落街頭，忍受挨餓和風吹雨打，實在很難預料。如果被拾獲的人佔為己有，真的是一點辦法也沒有。

就在前些日子，院內的某位女客人拾獲一隻年約五歲的約克夏公犬，因為該犬並沒有植入晶片，無

從找尋主人，吳小姐只好暫時收留在身邊。說巧不巧，就在這件事情發生的隔日，突然有位小姐拿著寵物遺失的傳單走進本院，請我們留意這隻才走失幾天的約克夏犬。當下小獸醫只覺得不會真的那麼巧吧？一眼就認出是那位吳小姐所撿到的狗狗，而且幾乎百分之百確定是同一隻狗，因為狗狗身上所穿著的蜜蜂裝真的非常容易辨認而且讓人印象深刻。

經過我們的聯絡之後，這隻穿蜜蜂裝的約克夏平安回到原本的家了。小獸醫替兩邊的女主人開心，也由衷覺得幸運。這種事情能夠有這樣的結局，真的可說全憑運氣。看著原本飼主喜極而泣的樣子，不停地感謝，又看到撿到狗狗的吳小姐露出喜悅的笑容。我們動物醫院的氣氛頓時歡樂無比，大家也為這樣的事件有了好的落幕感到欣慰。

遺失寵物著實讓人傷心，而寵物一旦離家會有怎樣的遭遇，真的沒有人能夠預料，更別說是找尋回來。這樣的感受，小獸醫真的希望養寵物的朋友都要銘記在心。除了按照規定植入晶片，還建議幫寵物在頸部戴上一個識別牌。

但是，所有能夠防範的措施儘管都做了，還是不能夠保證遺失的寶貝能夠回家。唯有時時刻刻提醒自己，注意牠們是否在身邊，不會到處亂跑，才是上策。咪魯最終可以重回飼主身邊，雖然讓人開心，小獸醫還是希望類似的事件，不要再發生囉！

看問題

1／3＋1／3＋1／3＝？

1／3＋1／3＋1／3的答案可說是1，但也不是那麼簡單的1。

再描述地清楚一點，1／3＋1／3＋1／3＝一個讓寵物康復的觀念。

然而，這三個1／3各自代表了什麼呢？

我們把問題回歸到原點，寵物生病能不能好，這個簡單的數學公式，就是從病程開始到最終恢復健康的邏輯概念。很多人把寵物的死亡責任推給醫者，也有因為疏於照顧或延誤就醫而自責不已，更有許多人無法接受生病可能帶來寵物生命終結的事實。

1／3＋1／3＋1／3這個公式，提供大家更廣義的思考空間。

公式裡頭的第一個1／3，簡單來說是醫者的角度，包括獸醫師和整個醫療團隊。更清楚闡釋，就是對於生病的寵物，倚賴醫者豐富的臨床經驗，做出專業敏銳的正確診斷、必要的處置、妥善的醫療照顧，以及用藥方式等等因素的相關配合。

第二個1／3代表飼主，也就是寵物的主人，扮演了獸醫師和寵物之間最關鍵的溝通橋樑。飼主可做的包括：詳盡清楚的病史闡述、即時性的就醫、對於醫者醫療行為的配合，以及遵守醫囑等等。

良好的溝通帶來好的醫療品質，甚至能讓獸醫師有充分的準備去面對寵物病情可能的驟變。不良的溝通反而帶來醫療成效的折扣，其中損失和傷害的是寵物本身，最後還可能衍伸更多醫療糾紛。

最後一個1／3代表寵物本身。這當中包括寵物是

否能即時接受診療、寵物的體質和個別狀況（年齡、品種、性別、病史、免疫能力和是否有其他疾病同時存在等等）、寵物對於治療或藥物的反應、寵物自己的生存意識等等。

很多飼主有這樣的疑慮：「別人的狗貓接受了怎樣的治療就有什麼樣結果，但是我家的寶貝怎麼不是這樣？」這就是沒有考慮到寵物個別的身體因素。跟我們人類一樣，即便用同樣的治療、同樣的用藥在同一種狀況上，不同的個體其結果可能不一樣。因為醫療過程沒有辦法像教科書，隨時都按照我們的期待去進行，唯有醫者的臨床經驗和飼

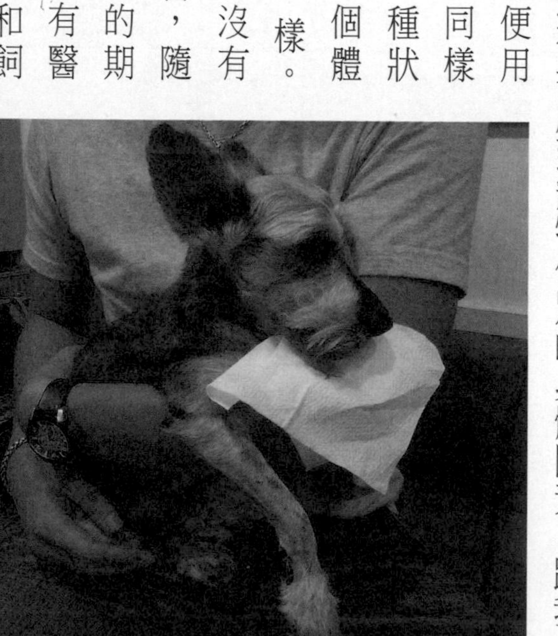

主的充分配合，才能協力去面對寵物病情的轉變。

還有一個可能是許多飼主的盲點，就是寵物生病就診往往不會乖乖配合醫療行為。甚至，寵物的不同個性和難預期的情緒反應，也會影響醫療行為，甚至影響治療成效。像是這樣的情況可能發生：一隻已經病危的寵物，在診療檯上卻頑強抵抗，讓醫者無法檢查，甚至還拚了命不肯配合，讓病情更加嚴重，或是造成突發性的死亡。

於是，1／3＋1／3＋1／3是一個可以幫助我們預測與釐清寵物生病之後，有沒有可能恢復健康的公式。若以科學的角度來說，三個1／3加起來剛好等於1，也代表我們預期的好結果。但是，在實際的層面上，卻沒有辦法確實地量化計算。

當寵物生病時，沒辦法用人類的語言表達出來，這時候牠的飼主是否能做到細心觀察和妥善照顧，就扮演

了關鍵性的角色。臨床上遇見很多寵物生病、受傷到最後連獸醫師也無法處理，都是因為延誤了最佳的就醫時間，實在可惜又可嘆。

然而，不能否認，寵物醫師是否仁心仁術、是否具備專業術養、是否有盡全力去醫治動物……這些當然也是不可或缺的重要元素。常常在網路或者輿論當中，看到很多朋友批評哪個獸醫不好，或哪個獸醫不錯。當然以飼主的角度，用結果來評論是很容易被理解的。但根據小獸醫這些年來的臨床體會，醫療行為應當要用更多元的角度被看待！因為醫療真的不是單純的服務業！當大家確實明白這個公式之後，往後應該要有更廣義的思考空間！除了希望病患都能恢復健康，更盼藉由這個公式的衍伸，讓大家體會醫病關係的重要性；進一步帶來更多社會的和諧。

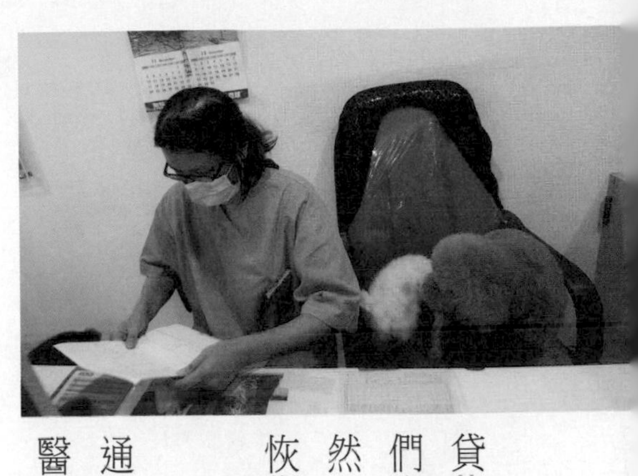

生命是無價的，醫師對於疾病的診治卻是責無旁貸的；但當寵物受到病痛的折磨時，或許身為飼主的我們也要認真檢討是否有把自己的那個1／3扮演好？當然，寵物本身的體質狀況和社會化能力，往往也是病情恢復上重要的關鍵！

選擇一個可以信任的醫師，並且與醫師有良好的溝通，我想是這個公式最重要的精神。名醫未必是最好的醫師，也未必是最適合自己的醫師。

學習提高觀察寵物生病時的敏感度，應該是每位飼主的責任。

希望大家能深切明白這三個1／3告訴我們的涵義，同時體會寵物醫療的成果是架構在這公式上—飼主加油！小獸醫加油！毛孩子也加油！

聽臨床獸醫師說話

臨床獸醫師每天要面對的都是不會開口的病患，即便飼主在居中扮演了關鍵的角色，畢竟不是生病的當事者，因此很多時候，對於病程的描述很難完全清楚。很多飼主帶寶貝來看病，最喜歡問醫生的問題就是：「這個病會不會好？我家的某某會不會死掉？」

醫師不是算命師，在大多時候無法「鐵口直斷」去判定寵物的生死，也無法憑空去推測寵物在該病程當中，絕對性的好與不好。一個有經驗、有職業道德的醫師，不能對飼主說謊，同時應該有多少證據講多少話才是。

臨床的路上走得愈久，愈對病情的發展有更多保留。因為生病有時候可以單純到幾天就完全恢復，有時候又牽一髮動全身，可能看似簡單的問題卻演變成全身性的問題，甚至威脅到生命。證據的顯示確實讓我們對於闡釋病情和預後狀況有了依據，但病情的不可測和身體變化的因素，常讓醫師措手不及。

該怎麼跟飼主闡述病情，真的是一門很大的學問。把病情描述得太過簡單，一旦發生問題，飼主通常很難接受甚至很難諒解，並會怪在醫師身上。

把病況描述得太過嚴重，又擔心飼主驚慌失措，而失去幫寵物繼續治療的信心和勇氣，錯失了診療的黃金期，甚至，當醫師把病情講得過於可怕時，有些飼主心中覺得，「醫師是不是有點小題大作？醫師要藉機收費嗎？」

事情的表達可能因為語氣的輕重、臉上的表情、某些字眼的尖銳程度讓接受者有不同的落差感。我們如果不直接跟飼主說寵物病況有生命危險，甚至隨時可能會死亡，則很多人似乎無法意識到病情的嚴重程度。但是，

如果我們只說，病情不樂觀，在有些飼主聽起來會以為仍沒這麼嚴重。由此可知，臨床獸醫師不僅要學會看病的能力，另外要學的則是跟飼主溝通說話的藝術。

該怎麼跟飼主表達病況呢？坦白說，這沒有準則，也會因人而異。

身為臨床獸醫師，有絕對的必要在當下把寵物的實際情況清楚表達，對於未來病情的發展和治療策略，也應該一併說明清楚。當飼主對於病危的情況似乎沒有感覺，我們可能就要加強語氣和用詞上的嚴重度。

當飼主對於重症感到焦慮害怕，除了實情告知外，就該多給他們一些心理上的安慰，以及說明接下來為何要努力治療的必要。

如果遇到只是小毛病或看似輕微的問題，一個有經驗的醫者也會語帶保留甚至提出更多建議，而不是輕描淡寫地漠視任何一個小問題。

小獸醫也絕對不贊成醫師講話過度誇張。嚴格來講，我們的工作更需要理性和穩定性，穿鑿附會或情緒上的用語，都不應該表現出來。

但是，更希望所有毛孩子的家長，對於醫師所闡釋的病情，都能「輕話重聽，重話輕聽」，在當下了解了寵物的實際情況之後，就該調整心理狀況，過與不及的態度都不能有效跟醫師配合完成整個療程。「輕話」通常是建議和提醒，卻常常被飼主忽略，所以應該重聽。「重話」通常是病危或情況不樂觀，唯有輕聽才能撇開過多的情緒，讓醫師全力以赴。

常跟很多獸醫師前輩聊天，大家無不認同「說話的能力永遠是臨床上不可或缺的條件」。一開始小獸醫還想：「臨床獸醫師是不是要很會講話才能當？」等到真的身在其中才明白，如何把寵物最真實和可能發生的情況，清楚明確地讓飼主明瞭，讓飼主不要掉以輕心也不引起過多擔心，對我們而言是一門學問，也是一門藝術。

跟動物醫師討論收費

相信很多飼養寵物的朋友，常常會對醫療上的開銷有不安和不確定感。因為可能對於醫療內容不是那麼了解，另外就是不敢和獸醫師討論收費的問題。

事實上，飼主有必要正視這些問題，否則可能對寵物的醫療健康造成影響。而且討論醫療內容和收費，也是飼主必須學習和面對的。

歐美、日本等國的動物醫療收費並不便宜，相對之下台灣的動物醫療收費雖然便宜許多，但是由於是自費（沒有健保和保險的情況下），對於很多飼主來說，也是一筆開銷。如果遇到重病或需要長期監護的情況，確

實也會造成壓力。

寵物生病的頻率就像人類一樣，多半集中在年幼和年老的階段。年幼時期由於需要多劑的預防針注射、除蟲措施，再加上在此階段，可能因為抵抗力的差異，容易出現腸胃道、呼吸道等問題。年老時，由於器官退化，慢性病的產生屢見不鮮。而成年寵物就像成人階段，除了體質和個別差異可能需要特別照顧，不然生病的頻率相對是較少的。

寵物生病，往往需要經歷檢查、治療、追蹤等過程。短的病程可能數天到一兩週、長的可能需要數月甚至是一輩子。所有的檢查，都有它的必要性；因為能有正確的診斷，治療也才能針對問題。檢查的花費端看內容、項目來決定，少則幾百元（簡單的血檢），多則可能上萬（電腦斷層等等）。這些步驟的必要性，雖由醫師闡述，主人也應該要參與討論。至於治療，可能由於藥物的成本不同，也可能會有收費上的差異。這些處理和收

費，醫師應該說明，飼主也應該了解。

接下來的問題，大概是很多飼主產生矛盾的地方，就是：「我很想救助我的寵物，但是醫療負擔上，確實是很大的問題，那該怎麼辦呢？」

任何東西都有它的成本和附加價值，儘管醫療處理上不應該有太多選項，但是遇到實際的收費問題，或許就該有變通和其他的選擇。小獸醫認為，任何一個好的醫生，都應該提供最好的診斷技術和最好的醫療處理給病患，這是職業上的道德。但是，最好的選項往往也代表較昂貴的收費。如果此時對於價錢的負擔有困難，當下就應該跟醫師討論，「是否有其他選項？是否有折衷或次要的處理方式？」但是，既然是次要的選擇，對於醫療成效的品質和結果，飼主理當了解與承擔。

跟醫師討論收費並不丟臉，也不應該覺得害怕，這是一個飼主願意對寵物負責任的態度。但是，這一切的前提，應該放在飼主清楚了解整個狀況、診斷和病情處理的來龍去脈，否則一味地喊價比價，卻不去了解寵物病況，甚至對醫療的內容一知半解，就是不尊重醫生、也不尊重自己的寵物寶貝了。

醫療除了需要實質上的成本，還有很多技術專業上的附加價值，真的很難像買賣東西那樣。（醫師會利用非工作時間，投資額外的時間和金錢在自己的工作領域上。這些投資，無非希望能提供更好的醫療品質。除了專業技術的學習，還有更多儀器設備的投入，這些都是需要花費的。）

小獸醫經常在網路上或電話中遇到很多飼主來詢價，我認為這麼做並沒有不對。不過這一類的詢價，應該放在一般性的問題和醫療處理，如果針對病魔纏身或發生問題的寵物，應該請醫師做過初步的判斷再來評估費用才是正確的。

看病不等同於買賣東西，既然不是商品化的東西，又如何能定價？舉例來說，光是腫瘤的切除，可能因為生長的部位、腫瘤的大小和形態而收費有所不同，更不要說每隻動物的體重的差異性了（一隻三公斤的小狗跟四十公斤的大狗開同樣的刀，收費也絕對不會相同）。負責任的飼主以及負責任的醫師，都應該讓寵物經過臨床檢查，接著討論病況，最後才來說明收費內容才對。網路和電話都很方便，但是臨床上的診療過程更無法省略和輕易被取代。

請大家不要把醫療行為當作是商品在販售，這樣的心態既不重視寵物生命、也不尊重醫師的專業能力。唯有全盤了解寵物病況，了解醫療項目內容，才是負責任的飼主。在這樣的前提之下，把收費問題和醫師討論，才是正確的方式。

抱持著願意了解與願意溝通的態度帶寵物上醫院，才能真正解決問題。很多醫療糾紛的產生，也在於飼主

對醫療收費的不了解或認知上的差異。也許有些朋友會覺得跟醫師談論收費很俗氣，更或者有人認為醫師告知收費像是「死愛錢」，但為了避免更多不必要的糾紛產生，把這些醫療內容搞清楚，同時也把「目前的收費」和「未來可能產生的收費」弄明白，才是一個負責任的飼主。也唯有在清楚良好的溝通平台上，寵物才能接受到最好的醫療照顧。

看病兩樣情

家中某位親人因為反反覆覆出現神經方面的症狀，在找不到病因的情況下，被院方安排住院，同時必須接受完整的腦部檢查和全身性檢查。就在同時間，一位飼主帶者他的貓咪來本院就診。兩件事情所發生的經過，恰巧成為明顯的對比，小獸醫想跟大家分享一下。

家中的親人因為有疑似失憶的現象，多次門診後，醫師都無法給我們明確的答案，才在醫師的建議下，安排做了腦內核磁共振檢查、腦波檢查、脊隨液檢查，以及身體所有功能大大小小的檢查。連續住院四天，不為其他，只為了給我們一個診斷結果。醫師這樣的態度，我們覺得是對的。檢查報告結果是身體沒有異狀，只有腦波方面出現些微異常，同時也只用了「輕微的癲癇」來做解讀。不管如何，我們對於醫師的處置過程和態度給予肯定的評價。

把類似的狀況拉回自己的動物醫院。一位飼主帶著他的貓咪來就診，主訴的內容大致是貓咪這幾天不太吃，前幾天幾次嘔吐，今天就還好，而其他的情況飼主自己也不清楚。

做了基本的問診和檢查後，我們決定幫貓咪做個血液方面的詳細檢查。報告結果中除了輕微白血球升高外，初步認定該貓咪因嘔吐導致中等程度的脫水，至於真正的原因為何，還需要做其他的檢查來釐清問題真相。飼主同意也接受讓貓咪住院打點滴接受觀察。隔日，症狀有所改善，除了依然食慾廢絕外並沒有再出現任何異狀。但是，住院後的第二天，貓咪吐了一堆血塊狀的東西，我們當下覺得病況恐怕不單純，因此打電話告知飼主，希望他能來醫院一趟，討論後續的處置。

小獸醫強烈建議應該讓貓咪做影像方面的進一步檢查，怎奈飼主當時卻回了一句：「如果檢查不出來你們要怎麼樣？」之後話也不多說便把貓咪帶走了。

看了以上兩段故事，大家有什麼樣的想法呢？

當人類生病走進醫院時，我們通常只能把發生的情況告訴醫師，然後接下來被安排檢查和處置，醫師也會針對問題給予治療，但未必馬上就知道我們想要知道的答案。醫師看診需要針對病情的轉變和需要，利用檢查來排除問題，同時找到問題。然而，許多朋友帶寵物來醫院就診，卻不知道動物看診的邏輯也是如此。

小獸醫的感慨在於，很多時候，要幫寵物找到真正的問題所在，比人類更加困難。除了礙於動物本身的表達和溝通之外，中間還隔了飼主這道牆。

臨床上很多檢查，需要參照理學檢查狀況而循序漸進。試問，有人只要一發生偏頭痛，馬上就掃電腦斷層和腦波檢查，這樣有沒有可能造成過度的醫療資源浪費？還有其中執行的必要性是否也需要考慮？往往我們頭痛的真正原因，醫生通常也沒有辦法在第一時間很肯定的告訴我們。

這位貓咪飼主，見寵物吐了血塊之後，毅然決然地帶貓咪離開。對於主人接下來的做法，我們給予尊重，但不願溝通且不願接受專業建議的態度，讓我們深表遺憾。貓咪也許是胃潰瘍，也許是腸胃腫瘤，更也許是因為異物或其他原因所造成的出血，沒有影像學的檢查（X光、超音波及內視鏡），便無法確定真正原因。

藉由人類醫學上的診療互動，可以讓更多朋友明白寵物在醫療上，也需要飼主的諸多配合。醫療並非一般的服務業，也不是一般性的商店，當大家都願意尊重專業也願意協調溝通時，寵物醫學才能進步啊！

轉念瞬間，生死之別

生老病死，雖然是生命的常態，但是當中也充滿了許多無奈。身為第一線的臨床工作者，小獸醫感受最深，卻常常莫可奈何。

Momo是一隻奶油色的貴賓公犬，年齡大約八歲，是院內長期包月美容洗澡的小狗。飼養牠的是一位很和藹，年紀將近九十歲左右的老伯伯。每每牽牠來院內洗澡，Momo總是活蹦亂跳、精神奕奕。雖然年齡已經步入熟齡，但外觀的樣貌，卻還像個調皮的小朋友，經過醫院的櫃台和貨品架，還會抬腿尿尿，似乎在告訴我們，牠還年輕呢！

兩週前，老伯伯帶著Momo來醫院，這回不是來洗澡，而是來找小獸醫看病。一進來，只見狗狗虛弱的外貌，跟以往我們所見到的完全不同。

經過檢查，狗狗的黏膜顏色略顯蒼白，體溫也明顯偏低，肛門口附近也有糞便殘留的痕跡。問了老伯伯一些問題，他似乎也都搞不清楚。只說一天沒吃飯，也沒看到拉肚子。由於從飼主口中獲得的資訊非常少，當下我們強烈建議應該讓Momo再做些檢查，甚至有絕對的必要讓狗狗住院觀察。不知道老伯伯當時是因為費用考量還是要詢問家人，跟我們的回應是：「明天再決定。」就把狗狗帶回去了。當時的時間大約是下午兩點鐘。

過了不到兩個小時的時間，老伯伯又緩緩走進醫院，神色非常凝重地跟我說：「Momo好像死了，也不會動了。」我聽到當場傻眼。沒多久，只見老伯伯的兒子用紙箱抱著Momo進來，讓我們確認狗狗有無生命跡象。

Momo的肛門口流出大量的鮮血……美容師和助理看了瞬間也留下驚恐的表情和萬般無奈。醫院的空氣似乎是凝結的，在場沒有人能接受這樣急轉的事實。雖然臨床工作讓小獸醫看待死亡是經常的事，但瞬間的震撼確

實讓人難以接受！

坦白說，即便是醫者，用專業的角度去判斷，當下的情況，我們真的很難想像Momo會那麼快致死。儘管當時我們曾告知飼主，狗狗有生命的危險性，但是生命驟逝的事實已經難以挽回。不管飼主是否有延誤就醫的問題，瞬間大量腸胃出血致死的情況，臨床門診上並不常見，只能推論可能和傳染病的感染或急性中毒有關。如果早點發現早點就醫，或許救活牠的機會是有的……。

但是，當高齡九十歲的老人家流下不捨的眼淚，我們實在不忍苛責或多說些什麼，只是給予最後的安慰。

其實，飼主常常扮演了寵物的第一線醫師，當發現寶貝有任何異常，都不應該延誤就醫的時間。一拖再拖的時間，換來的可能是遺憾的代價。

因此，飼主要知道寵物正常時應該是什麼樣子，才有辦法釐清什麼是異常現象。所有的異常來自於觀察，而觀察能力的養成則來自於學習。我們常常能救回寵物，都是因為飼主第一時間的發現和就醫處理。

生命瞬息，也讓醫者感受到自身能力的有限和渺小。寵物的健康幸福，卻掌握在各位手中。只要想到老伯伯的眼淚，那讓人錐心刺痛的畫面，竟清晰得猶如剛剛才發生。

活蹦亂跳的Momo在短短幾個小時內，變成了冰冷的屍體，任何人在都難以接受這樣的事實。希望藉由這次事件提醒大家：愛，除了陪伴和給予，學習更多的照護知識，絕對是必要的。

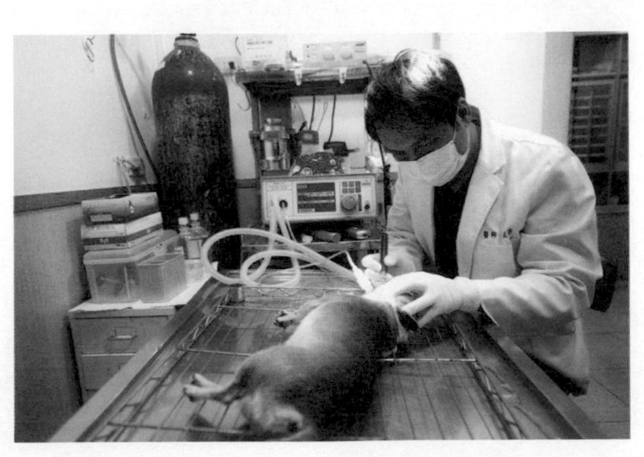

別讓單純變複雜

很多朋友會覺得，當臨床獸醫師的工作很棒，因為可以跟天真可愛的寵物互動和相處。不過小獸醫要面對的，往往都不是健康開心的寵物，能和寵物有較多相處的時間，也只是臨床工作當中的一小部份。面對生病的寵物和心急的飼主，當中的壓力沒有置身其中恐怕難以體會。

和動物相處真的不難，臨床看診上也有一定的流程和邏輯性，說真的，也不複雜。最困難的，恐怕是醫師和飼主的互動。由於飼主對寵物生病的認知程度有很大的不同，像是對寵物醫療的知識多寡、寵物醫療的收費和流程是否清楚，或是有無尊重專業的態度等等，都會讓飼主對醫師產生若干誠度的不信任。如果再加上醫師本身表達不夠詳盡，或飼主對診療結果感到不安，往往讓原本單純的寵物醫療問題，轉嫁到複雜的醫病關係上。

小獸醫常常思索：獸醫的工作真的不應該只是幫寵物看病（國外的認知也是如此），其實還包括飼主教育、對待寵物的道德教育、醫療知識的傳達，同時在專業領域上更要不斷精進，並且有義務去維護整個寵物醫療環境。獸醫師的影響力不應該只放在專業醫療，更應該藉由專業的身分，提供正確飼養寵物的觀念。當飼主的觀念對了，就可以減少很多不必要的醫療浪費，更可以避免很多因為無知所帶來的傷害。

俗話說：「人的好奇心可以殺死一頭大象。」小獸醫說：「飼主的一個誤解和殘念，真的可以殺死一個獸醫師（而且可能是一個好醫師）！」這樣的說法，或許

難以體會，但在臨床工作待上一段時間的醫師，一定都能認同。當然，這也是所有臨床獸醫師和寵物飼主們要努力的方向吧！

很多事情本身是簡單的，複雜的往往是人為因素。像是因為溝通用語、表達方式、語氣態度，以及彼此認知等等的差異性，便讓問題本身變得不好處理。獸醫師、飼主和寵物的三角關係，就好比是婆婆、丈夫和妻子那樣的微妙。角色不一樣，責任也就不同。丈夫的角色就像飼主，扮演了頗為重要的溝通橋樑，既要懂得婆婆的立場（醫生的表達）、也要懂妻子的想法（寵物的狀況）。

常常聽到飼主抱怨黑心醫師：「哪個醫師幫我們的貓貓狗狗打了什麼針（或吃了什麼藥），就變成怎樣了！」這一句話很難直接用是非對錯衡量，卻有很大的討論空間。我相信任何一位醫師的用藥，都是希望能夠緩解症狀和改善問題。如果用了之後狀況變差甚至死亡等等，恐怕原因並不單純，比如說是不是寵物本身有其他的問題存在？因為個別體質對於藥物反應的不同？還是醫師忽略表達了什麼？飼主漏聽了什麼？許許多多的狀況在未釐清前就遑論醫師的不是，不但問題不能解決，反而變成醫病關係的惡性對立，最後是全盤皆輸。

小獸醫不希望這樣的事件反覆發生，因為這不但會扼殺一名臨床獸醫師對於工作的熱情和執著，相對的也會傷害飼主照顧寵物的信心，而這些結果都不會讓整個市場和環境變得更好。

所以，醫師應該不斷提升自己的專業能力和道德良知，飼主也應該要多吸收更多正確的飼養知識和具備更多醫療常識。面對寵物疾病問題的當下，能夠互相體諒彼此的立場，最後受惠的，才會是我們的寵物寶貝。

哈士奇小白的慢性病

現今寵物跟人類一樣，已經進入高齡化的時代。除非一些急症或意外發生，現在的狗貓要能活個十幾二十歲，並無不可能。

同樣的，高齡化慢性病問題的控制，以及做好更多預防保健，成了現在獸醫師和飼主都必須認真面對的課題。

小白是一隻十歲左右的哈士奇公犬，過去就有泌尿道感染的病史。最近因為攝護腺肥大的問題而採取去勢手術，但在術後卻引發了一連串的問題。開始是因為食慾變差，而後的檢查發現腎臟指數有中等程度上升。超音波的檢查發現右腎已經呈現萎縮，左腎的皮質有明顯的腫脹，攝護腺腫脹同時出現鈣化，並且膀胱壁明顯增厚。綜合以上的判讀，我們認為小白因為長期慢性的膀

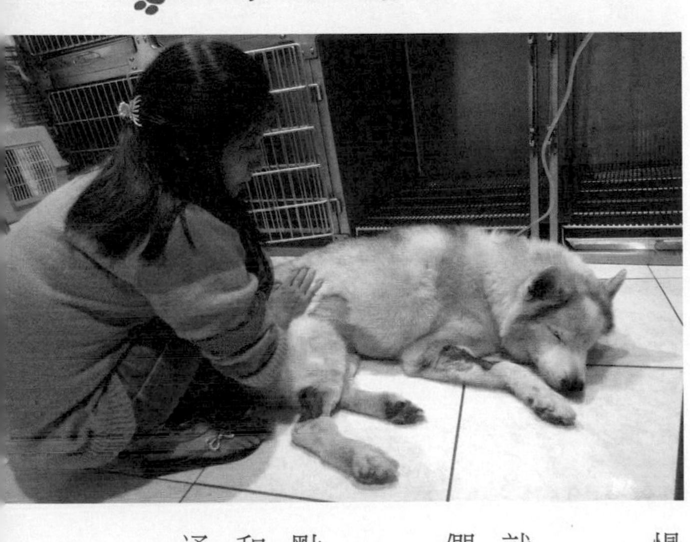

胱尿道炎沒有受到完全的控制，導致細菌上行感染到腎臟，進而引發腎臟功能的障礙。如今除了住院輸液治療之外，針對尿路感染我們也做了細菌培養和抗生素敏感試驗，希望藉由感染的控制，盡可能去保全剩餘腎臟的功能。

每次看到慢性病患者在緊急期的救護過程，感受到飼主那種心情的起伏，精神上真的是備受煎熬。然而，慢性重症絕對是日積月累下來的。

寵物的情況有進步，飼主開心的表情就寫在臉上，一旦狀況有惡化的趨勢，他們紅著眼眶和焦慮的表情終究無法隱藏。

救或不救？救到什麼程度該設停損點？還是無止境的拚下去？永遠是小獸醫和飼主因為病情發展不同，必須要做的溝通。我也常常很直接地跟飼主說，寵物一

旦有了慢性病纏身，就要有燒錢的心理準備。

這樣的劇情不斷在動物醫院上演。小獸醫想要呼籲飼主，有小問題就要盡早處理，而且要確實再做定期追蹤，同時應該讓寵物定期做全身性的健康檢查。不然再多的自責、懊悔與眼淚，終究換不回寵物的健康。

由於狗貓的平均壽命約略只有十幾年，再加上牠們身體老化的速度是人類的七到十倍，因此健康的轉折往往更突然，更難以預料。唯有在慢性病早期的時候便開始接受治療，才可能有良好的控制。如果飼主真的很愛你們的寶貝，千萬別讓自己的疏忽和大意，而錯失治療時機，造成更多的難過與遺憾。

然而，在飽受慢性病折磨的寵物身上，不是每個都能夠接受預期規畫的治療。動物不是人類，往往無法勉強或接受妥協；不吃東西就是不吃。甚至在某些性情較為緊張膽小的患者上，連接近牠們都有困難，更別說是要幫牠們打針餵藥或其他侵入性的治療了。這也是幫寵物看診最讓人傷腦筋的地方，有時候不是不救，而是牠們使勁的抵抗，真的是讓飼主和醫師一點辦法也沒有。

一般建議，貓咪或小型犬在六歲以上，中大型犬在五歲以上，每年應該做一次完整的健康檢查。至於有特殊情況或慢性病史的寵物，甚至需要三個月或半年做一次健檢和身體狀況追蹤。完整的健康檢查應該包括項目齊全的血檢和必要的影像學檢查（X光或超音波），其他的部份則視寵物個別狀況而異。

小白是一隻配合度還算高的哈士奇犬，雖然腎臟問題恐怕很難回復到正常，但由衷盼望這段時間的努力，能讓牠的情況好轉。

也藉這樣的案例提醒各為飼主，預防勝於治療，而且小問題就要處理，不然很有可能變成大問題的。

加油！小白！

寵物的老年病

現在台灣的狗、貓的年齡層結構，跟人類同樣有日趨老化的傾向。壽命延長的結果，飼主第一個要面臨的問題就是：如何面對發生在寵物身上的老化性和慢性疾病？

小獸醫再此將和大家分享，狗、貓的白內障、糖尿病、腫瘤癌症、慢性腎衰竭、心臟病等等「老年病」。

以上的慢性問題，的確好發於年齡較大的寵物，但是年輕的族群，同樣可能有這些疾病。一般而言，小型犬和貓咪超過六歲、中大型犬超過五歲，都被認定為熟齡階段。此時，也正是寵物的身體年齡開始進入老化的階段。老化本身不是一種疾病，是一種細胞器官新陳代謝減慢的過程。很多慢性問題，確實和細胞的老化導致生理代謝異常有關，但是很多朋友往往把「老了就會生病」連結在一起，其實是不正確的觀念。

白內障是因為眼球水晶體出現混濁導致不透光而造成視力上的障礙，好發於高齡的犬貓（八歲以上常見）。水晶體主要的功能是接收通過角膜的光線，而後經過折射到視網膜成像。由於水晶體熟化的程度不同，也就產生程度不一的臨床症狀。嚴重的白內障，可能造成視力減退，甚至全盲。造成白內障的原因，不外乎基因遺傳、代謝問題、營養缺乏，以及水晶體長期受到自由基破壞等等。大多數的病患可能保有視力功能而不需做處理，但少部分可能需要用外科手術處理才可以恢復視力。在預防保健上，每年定期的健康檢查，應該包含眼睛檢查在內。白內障的發生是一個不可逆的過程，如果早期被發現，應該定期做追蹤。市售商品當中，很多宣稱可以改善白內障的眼藥水，在使用成效上都應該被保守評估。不過中老年的犬貓，建議可以適量攝取一些含抗氧化成份的護眼保健食品。同時應該避免寵物長期在烈日下或強光下被照射，這些都有可能讓水晶體提早老化。

很多人對於糖尿病的直接觀念就是：是不是糖吃太多了？還是澱粉攝取過量？糖尿病真正的原因，是身體的胰島素沒有辦法正常代謝醣類，而導致的代謝性疾病。因為身體沒有辦法利用醣，才會造成血糖值升高。高濃度的糖，會讓腎小管沒有辦法重吸收而造成尿糖，而高濃度的尿糖伴隨尿量增加，也引起多渴。所以糖尿病的患者，就會出現我們常常聽到的「三多」：吃多、喝多、尿多。儘管吃多，但無法轉換糖為能量，所以身體其實一直處於飢餓的狀態。根據糖尿病發生的原因，臨床上分為三型。第一型的糖尿病：由於胰臟的β細胞被破壞，導致胰島素分泌上的缺陷所造成。第二型的糖尿病：非胰島素本身分泌不足所導致的代謝失調。通常因為肥胖、胰島素的接受體缺陷或不足、胰島素被破壞或本身的品質問題。第三型的糖尿病：二次性的糖尿病（secondary diabetes），簡單來說，是因為其他疾病

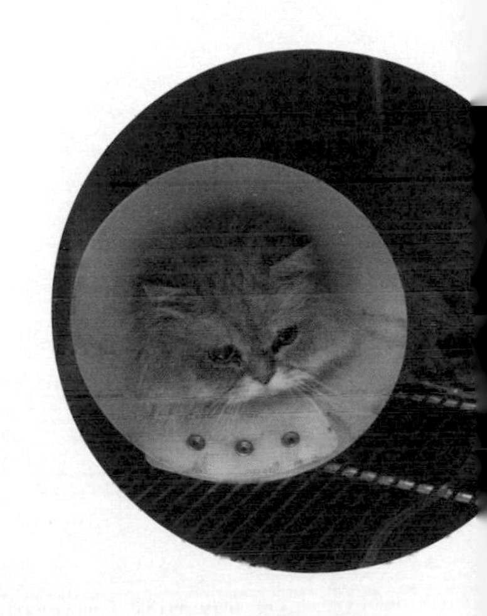

導致代謝上的異常。像是：腎上腺機能亢進、甲狀腺機能亢進或某些藥物的作用影響等等。

糖尿病的犬貓，除了出現「三多症狀」；還常會有消瘦、抵抗力變差（像是反覆性不容易好的尿路感染）、精神活動力變差、白內障和肝臟腫大等症狀。面對這類病患，首先需要正確的診斷，同時讓病患住院以便於做出血糖曲線。透過適當劑量的胰島素施打和正確的飲食管理，進而達到良好的控制。飼主能否配合醫囑照顧，往往是糖尿病控制成效的最大關鍵。定期的健康檢查，可能在早期就發現糖尿病。食慾很好但逐漸消瘦的寵物族群，飼主都應該格外提高警覺。

癌症腫瘤在獸醫臨床上的病例，日益增加。這是一類很廣泛卻也很難掌握的區塊。簡單來說，惡性的腫瘤都可以稱為癌症，但是癌症並非都是以腫瘤的型態存

在。腫瘤幾乎都可以觸摸到團塊的形體，至於是良性或惡性，只能透過簡單的細胞學檢查做初步判斷。團塊細胞的真正樣貌，是好的（通常有侷限性同時沒有分裂旺盛的細胞核），還是不好的（通常有侵犯性、血管增生性和有分裂型態的細胞外觀），最終還是要透過病理獸醫師的鑑定診斷，方可知道腫瘤的種類與惡性程度。最後再與臨床獸醫師會診討論，來決定治療策略，同時判定預後。

跟人類一樣，寵物腫瘤發生的原因大多數不明。品種、基因遺傳、慢性發炎、內分泌、飲食飲水、環境汙染和任何致癌因素等的導入，都可能引發腫瘤癌症的產生。任何可以觸摸到的團塊，都應該及早切除做化驗。

初期的癌症，治療上都會有比較好的效果。然而已經發生轉移或再度發生的腫瘤，大多數預後並不好。臨床上對於癌症腫瘤的治療，多以外科手術切除、化學療法、放射線療法做處理。未來可能也會把免疫療法、基因工程療法等納入治療當中。癌症很難做到全面預防的，盡可能在早期發現同時早期治療。

飼主如果在動物身上發現異樣的團塊，都應該及早請醫師檢查處理。很多標榜有抗癌和防癌的健康食品，可以在醫師的建議之下使用，但不可以當作是治療上的主要策略，僅能作為輔助療法。

腎臟病在狗貓的十大死因當中，經常排在前五名。腎臟在身體擔綱了非常多的功能，除了排尿，還包括造血功能、離子的調控、酸鹼的平衡、血壓的調節等等，一旦發生問題，將造成身體全面性的危害和功能障礙。

慢性腎臟病是一個不可逆的過程，臨床上最常出現

的症狀包括食慾減退或食慾廢絕、口腔潰瘍、嘔吐、消瘦、貧血、寡尿或無尿、嚴重的還會出現抽筋和昏迷等現象。腎臟病的原因大多和飲食有關，當然像是結石、中毒、傳染病、遺傳（像是貓咪常見的多囊腎）、長期高血壓、腫瘤或任何造成腎臟傷害或缺血的原因等，都會危及腎臟的功能運轉。症狀療法、輸液治療和營養管理是目前最多人採納的治療方式，找出真正的根本原因往往是最重要的策略。如果，腎臟一旦「罷工」恐怕有死亡之虞，因此在某些時候，選擇洗腎（血液透析或腹膜透析）是必要的。

急性的腎臟衰竭應當趕緊控制，否則拖久轉為慢性，將造成永久不可回復的傷害。一旦被診斷為慢性腎衰竭，只能控制病情，無法康復，除非採取「腎臟移植」手術。腎臟病的發生很難預防，我們僅能在飲食控制、藥物使用上給予提點，同時，邁向高齡的寵物每年應該做完整的健康檢查，並且在營養飲食上和醫師做充分討論而調整。

心臟病跟腎臟病一樣，的確都好發於高齡寵物，在十大死因當中，也同樣名列前茅。除了少數先天性的疾病發生於幼齡動物，心臟會發生問題確實和年齡的增長成正相關。簡單來說，心臟就像是一個不能休息的幫浦，利用肌肉的收縮和舒張，再經由血液循環系統，將血液

輸送到身體各器官，提供氧氣和營養，同時也負責攜帶廢物。如此循環交替，不能休息，直到生命停止。倘使心臟的瓣膜（房室辦或動脈瓣）出現缺損脫垂等異常、心肌開始出現發炎或病變，將有可能是心臟生病的開始。

心臟一旦開始出現問題，身體會展開一

系列的調控，以期能負荷細胞所需要的血液循環，像是心跳頻率增加、心肌收縮力增加、週邊的血管收縮等等。乍看之下，這樣的調整，似乎可以因應心臟功能不足而彌補血循問題，但長期下來，心肌開始出現肥大，還有身體持續性的高血壓，落入惡性循環當中，最終導致無法負荷，造成心臟衰竭。

臨床上，心臟病最常出現的症狀有運動不耐、呼吸困難、尖銳性的咳嗽聲，嚴重的衰竭可能造成暈眩、肺水腫、昏迷休克等。心臟病的治療應該以藥物為主，同時控制飲食和定期做監控。坊間的心臟保健食品，應該在醫師的建議下使用。

最後，小獸醫還是要重申：「老化不應該和以上的慢性疾病直接畫上等號！」年齡增長確實罹患慢性問題的機會會增加，但是只要做到每年定期的完整健康檢查，同時早期發現問題早期做治療，多數都可以收到好的效果。

在此，僅就飼主朋友們常會遇到的問題做概要性的分享，一旦遇到這些疾病，還是要依照動物個別的狀況做處理，同時配合醫囑做後續的照顧。面對高齡寵物，飼主們需要用更多的耐心來看待這些問題。大家一起努力吧！

皮膚病真多問題

皮膚病的問題常見於獸醫臨床門診當中，而釐清「真正的病因」往往是最重要的。

很多飼主都有的經驗：寵物經過打針和吃藥治療，情況會穩定下來，但沒多久症狀又再出現。這是醫師用藥的問題？飼主沒有配合療程走完？或是根本的問題沒有獲得解決呢？

皮膚和身體其他器官一樣，有新陳代謝、需要營養，同時也隨著氣候、環境、寄生蟲、食物、腸胃吸收、內分泌、年齡、品種、

基因和老化等而有所改變。沒有這些認知，很多人往往認為皮膚病都是「小問題」。當我們實際了解以上各種因素可能的影響，就不難想像當中「問題」真的很多。因此，皮膚病是最簡單卻也是最困難的。容易控制，也容易復發。想要尋找病因，同時獲得改善往往要「獸醫、飼主和動物」三方面的配合。

一個有經驗的獸醫師，可以根據動物皮膚病發生的部位、搔癢情況、症狀、發病時間和一些基本資料，來做初步的診斷。但是，後續的皮毛刮搔檢查、細胞學染色檢查、伍氏燈探照檢查、皮膚生檢、血液生化檢查、內分泌檢查、過敏原檢查等等，則可以幫助釐清真正的病因。小獸醫在此還是要強調，臨床理學上的檢查和問診確實可以排除某些皮膚問題，但是要確診所有皮膚病的真正原因，沒有透過進一步的檢查，是不容易做到的。

皮膚病可大可小，小的問題可能數天或數週就能改善，大的問題恐怕會跟隨寵物一輩子。比較容易處理和

解決的問題包括：急性濕疹、寄生蟲感染、黴菌感染等等。相對較複雜的則有：內分泌問題、過敏問題、毛囊蟲問題等等。前者的病患只要按照醫囑，配合治療，往往可以收到很好的效果。如果是比較複雜的問題，恐怕就要有長期作戰的心理準備了。

皮膚病的治療，不外乎針劑注射、口服藥物、藥用洗劑、外用藥膏、營養輔助品等等。是否需要合併內外療法，端看皮膚病的種類和實際的臨床症狀。不過小獸醫認為，適當營養和外用藥治療，常常扮演關鍵的角色。

是否對某些藥物過敏？有抗藥性？都要和獸醫師一再溝通討論。畢竟，藥到馬上病除，有時候真的是碰運氣，唯有不斷和醫師溝通，選擇有效的治療方式，才是正確的觀念和態度。

很多朋友都很怕類固醇的使用，甚至會認為吃了好幾週、幾個月的藥物，對寵物是不是很不好。然而，藥物只要經過正確適當地使用，確實可以緩解症狀，改善病情。至於是否過量而傷害健康，每位醫師都會幫寵物把關。對於那些因為藥物造成寵物傷害的傳言，實在遠遠不及那些因病痛而造成寵物傷害來得嚴重啊！如果還是有疑慮，不妨帶寵物看病的當下就和獸醫師討論，了解藥性和療程，才不會讓治療品質被打折扣。藥物就像是一把刀，正確地使用可以趕走病魔，錯誤的使用當然可能傷身。這當中的取捨，就交給信賴的醫師吧！

皮膚病的診斷和治療，在臨床上的花費很難定奪。畢竟是什麼樣的皮膚問題，影響的嚴重程度與否，收費自然就很懸殊。幾百元可以看一個皮膚病，但也有花幾千元的可能性。小獸醫提醒朋友們應該了解診察和治療的內容，而非一味比價。至於要做哪些檢查，做那些治療，花費有多少，不妨都在門診時候和獸醫師充分溝通。

怎麼做對寵物最好，同時也是能負擔的範圍，這些都需要飼主和獸醫師討論喔！

找出真正的病因

阿曼達是一隻十三歲的混種狗，初次來醫院的時候還以為牠生了重病。從牠的外觀上看去，彷彿長期營養吸收不良，導致明顯的骨瘦如材。

這趟主人帶牠來醫院就診的主要訴求，卻只是因為嚴重的慢性皮膚問題，連骨盆周圍的皮膚也出現褥瘡。

從理學的觸診檢查，發現腹部內有乒乓球大小的肉質性團塊，再加上口腔黏膜的顏色略顯蒼白，因此當下建議主人應該讓阿曼達做進一步的檢查，評估是否有其

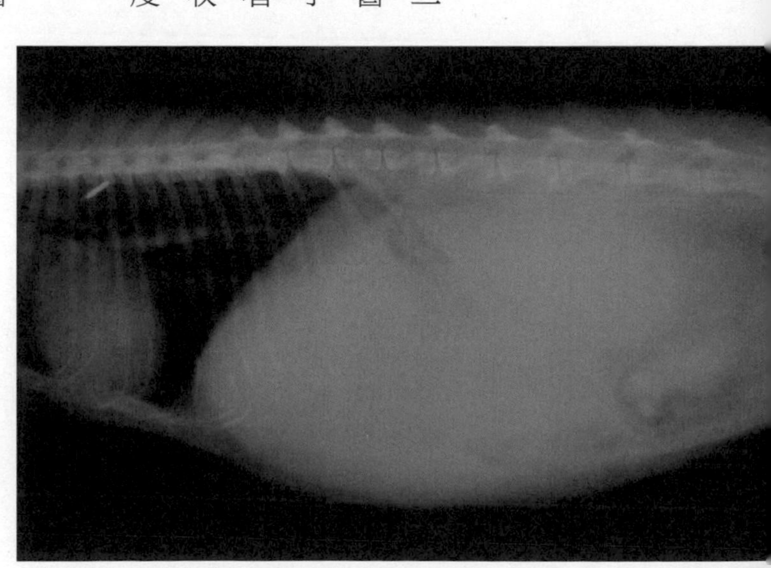

他的問題存在。畢竟這樣的削瘦相當罕見，我們擔心治療外傷恐怕只能解決皮毛的問題，而忽略了狗狗實際上可能存在其他更嚴重且需要立即處理的問題。

飼主了解情況後，接受了檢查的建議。阿曼達的X光影像，確實可以明顯看到上腹部有不正常的團塊，而血液方面的檢查，則有中度貧血和淋巴球增多的傾向，肝臟指數也明顯偏高。種種檢查透露出阿曼達因為腫瘤的存在，而導致長期慢性消瘦，甚至已經有貧血現象，並且根據團塊影像所在的位置，我們推測腫瘤長在脾臟。

當然，對於嚴重的皮膚問題及褥瘡，我們也做了初步的處理。阿曼達的皮膚問題是由於狗狗嚴重消瘦，沒有足夠的肌肉組織保護，並且長期在地上磨擦，導致嚴重的褥瘡和細菌感染。看似是皮膚的問題，但真正的原因跟腫瘤的存在有絕對的關係。

把腫瘤可能造成的影響跟飼主說明，同時也給予了處置建議。雖然飼主最終不考慮讓狗狗做切除手術，但以醫者的立場，我們已經盡了診斷和告知的義務。

身為臨床獸醫師，必須主動提出表象問題當中所存在的可能潛在真正問題。這樣才有可能面對問題的根本，而非處理表面而已。否則腳痛醫腳，頭痛醫頭，最終肯定無法對症下藥。

褥瘡的發生通常發生在行動不便的病患，如果沒有行動方面的障礙，那就要懷疑是否有其他的問題。理學檢查是所有診斷的根本檢查，沒有瘦弱的外觀，也許就容易讓人忽略真正潛在的問題。當然最終的影像判斷和血液檢查結果，都證明脾臟腫瘤是最終的元兇。

能夠從小問題當中，去發現真正問題的存在，是一個專業人員存在的最大價值。也許不能解決所有的臨床問題，也應該要盡全力去幫病患發現問題、找到問題。

對於高齡寵物的身體狀況，要用更廣義的方式去思考任何慢性病所帶來的危害。即便阿曼達的褥瘡問題最後得到良好控制，但腫瘤的切除與否，以及切除後可能產生的問題，甚至狗狗生命所剩下的時間等等，我們的建議都讓飼主有了心理準備。

看得到的問題可能不是真正的問題，而看不到的問題常常才是最讓人頭痛的。動物所表現的臨床症狀是結果，而不是原因。這也就是小獸醫經常強調，飼主應當隨時注意寵物身體的狀況和任何變化，從精神、食慾，以及外觀的任何異常，都有可能在早期發現疾病的端倪。而臨床獸醫師則應透過每一次門診，替寵物留意一些應該注意的問題，甚至安排定期的全身健康檢查，早期發現才能早期治療。

替寵物看病三步驟

寵物不會說話，不會描述當病痛產生時出現的所有過程，那麼，獸醫師該如何幫動物看病呢？

生病是一種「結果」，獸醫師要做的就是去找出真正的原因，把病因移除，才能讓動物恢復健康。醫師診斷病情的邏輯和方式，可以分為三個大方向：一、病史的詢問和飼主的描述。二、臨床上的理學檢查。三、儀器檢驗的檢查。

用比較白話的方式來說明好了。如果把生病當作是一個故事，既然是故事，劇情的發展就要有邏輯性和因果關係。病史就是在寵物的基本資料背後，去了解過去曾經發生過什麼樣的病痛？歷經過怎樣的事件？服用藥物的反應如何？開過怎樣的刀？還有每年預防針施打的情況、居住活動的場所、飲食的情況等等。接著，飼主有必要將看診的原因做最清楚的說明，好讓醫師知道接下來可能要做的處置或檢查。飼主的描述，盡可能用圖像、數據做呈述，而避免情緒或誇張的表達方式。

有了病史和主訴，獸醫師可以對寵物的概況有了基本的輪廓。接下來的理學檢查，除了要對照前者的關聯性之外，還要用臨床理學的診察經驗，初步發現疾病的表像。這些知識是需要很多專業和經驗的！此刻如果把場景視為電影，就像是警察到了犯案現場，必須運用本身的專業去採證，並且和嫌疑犯的口供做對照是否吻合？是否有遺漏任何蛛絲馬跡？每個醫師都不能跳過此階段的診斷過程，因為所有病情接下去的發展都和理學檢查有關。

當診斷儀器日新月異，確實可以幫助臨床上的不足。用圖像、用數據來呈述病情，往往可以減少判斷的誤差。不過，儘管儀器和設備是很好的幫手，但是所有的檢查最終都要回歸到與臨床上的症狀做比對。此階段

就像是法官要做判決和處置，必須把所有的證據做結合，同時對照現實情況，最終才能判決。

機器的判讀是死的，唯有結合上述三項知識，才是最終的診斷。

在此用比較簡單的方式，讓大家理解獸醫診斷上的邏輯過程。診斷是一門需要很多專業知識的科學，小獸醫喜歡把臨床上的症狀和理學檢查比喻成醫師的右手，儀器設備檢驗當作是左手，缺一不可。最終兩手所蒐集的資訊放到腦裡，輸出的才是符合事實的最終診斷。

儘管網路世界日趨發達，知識很容易取得，但是永遠都不可能取代「醫師的看診」。這些知識很多是片段的、個別的經驗，不能代表每一隻寵物都是如此。再者，也不要只拿一份驗血報告、X光片、超音波檢查就來讓醫師做診斷，因為沒有結合臨床上的證據和症狀，終究也只是機器判讀的結果，而非最終的診斷結果。

了解診斷的邏輯思維，便能更懂得面對生病的寵物。

當寵物生病時，知道自己所擔負的角色和責任，也了解醫師看診和做檢查的必要性，如此多一分了解，就少一些寵物醫療上的誤會囉！

網路或電話問診可行嗎？

現代人普遍忙碌，凡事要求效率和速度。站在飼主的角度，寵物一旦出現異狀，都希望在第一時間得到解答。無論是透過電話問醫師、網路論壇的案例分享，或是親朋好友的意見提供。的確，遇到問題找答案是人之常情，但把這樣的觀念放在生病的寵物身上，卻有一定程度的風險。小獸醫常跟飼主說，回答一個沒有經過醫師檢查診斷的狀況，如履薄冰——回答得不好也不妥，回答得好通常也不好！

中醫診斷技術中的「望、聞、問、切」，通常需要同時併行。「望」乃西醫學中的視診，簡而言之，就是觀察病患的外觀、動作、症狀反應等等。說來簡單，

但一般人所看的點和專業醫師所著力的地方，時常有差距，也因此會造成判斷上面的差別。「聞」就是用鼻子去聞氣味，針對動物本身的體味、排泄物、分泌物等等，去區別可能的病因。「問」就是問診，生病或問題的發生，都有因果關係，因此對於問題發生的情況，能夠描述地愈詳盡清楚，也就愈容易找到問題所在。問診始終是最繁複的過程，當中應該包括病患的基本資料、生活飲食習慣、過去病史、問題發生的來龍去脈等等。「切」在中醫主要是脈象的判斷，在西醫，就統結了觸診、體溫、心跳數、血壓等等的檢查。

回到一開始探究的問題：「寵物遇到問題，飼主急於靠自己的力量找答案，是否妥當？」小獸醫的解答是如果僅要解決飼主「口述的問題」或「想要得到解答的問題」，就沒有不妥。但是，若是要解決「寵物的真正問題」，恐怕就不是很理想了。

沒有經過獸醫師的檢查和判斷，口述的東西容易判

斷錯誤，甚至跟現實的情況有所落差。大部份的飼主都非寵物專業人員，難以針對病況做專業性地描述。或是描述的內容夾雜著個人的主觀，甚至當時的情緒，都可能誤導病情。

寵物生病，最簡單的方法就是請獸醫師幫忙檢查判斷。

電話裡或網路上的回答，不管回答得好與不好，小獸醫認為都是不好！

針對確診的疾病來跟獸醫師詢問是有意義的。如果發問當時，根本沒讓獸醫師看過，通常我們只能夠「根據飼主的描述用判斷的」；有時描述得不清楚，「就只能用猜的」！除非有把握自己能做精準又專業的描述，否則獸醫師再好的回答，也未必能切中問題本身。

看病，就是要醫師看了才能算數。電話網路也許能方便找到問題解答，但是通常無法解決寵物本身的問題。小獸醫遇過太多的狀況都是飼主描述的情形，十之八九都跟獸醫師實際的判斷有所差距。

電話網路問診儘管便利，飼主的描述儘管再詳細，卻可能只是讓醫師把問題回答清楚，但是對於寵物疾病或問題本身的處理，無法提供完整而確實的幫助。

當精闢的回答無法切中問題本身時，是否被當成醫師的誤診？因此，好的獸醫師不會輕易在網路或電話上解決病患問題，好的飼主也知道寵物生病最需要的不是自己找答案，而是趕緊就醫！

寵物看病也可以轉診

都會區的動物醫院四處林立，該怎麼替自己的寵物選擇適合的醫院，相信每位飼主心中都有一套自己的標準。選擇能信任的醫師，也是多數飼主最主要的考量。

如果自家寵物的問題，當下的療程未能收到預期的效果，是否想要換醫院或聽別的獸醫師的想法或做法呢？轉診在人類很常見，在寵物醫療上似乎也愈來愈頻繁了。不過在轉診之前，飼主可能需要考慮是否有按照原本醫師的吩咐來讓寵物接受治療？如果把所有醫療的成效全丟給醫師和醫院，自己卻未善盡責任，轉院是否真的比較好，就有待商榷了。好的醫師需要好的病患來做配合，否則再多的醫療資源都是浪費，而最終的成果可能也不是飼主所樂見的。

當一個疾病經過一段時間的治療，恢復成效上遇到瓶頸，當下應該與自己的主治醫師做討論：是不是診斷的方向有偏差？有沒有其他外因介入治療過程？還是用藥方面需要做調整？當然飼主也應該把所有在家中使用藥物的情況，以及寵物的反應，詳細跟醫療團隊討論。

永遠要記得「醫師的病患有很多個，然而寵物的飼主只有我們一個」，掌握自己寶貝的所有狀況，實在是飼主應該盡到的責任。當然一個負責任的醫師，也應該仔細了解寵物的所有狀況，隨時調整治療策略，甚至再重新評估病情。臨床工作中，隨時因寵物個別狀況而做彈性調整是必要的。遇到瓶頸也應該思考，接下來該怎麼做？或是考慮幫動物轉院。

願意幫動物轉院的獸醫師在態度上是負責任的，因為當下我們知道該怎麼做對病患最好。沒有哪一個醫師是十項全能，即便只是在小動物醫療的領域裡，每個醫師可能都有自己擅長和不擅長的。現在許多動物醫院都標榜「專科」，也相對提供飼主轉診上的便利性。當然

網路上的部份發言討論，也有助於飼主在轉診上做選擇。當然也有教學醫院等級的公立醫院可以考慮。至於是不是真的比較好，就要看個人的決定了。目前也有相當多的獸醫轉用中醫的方式替寵物做診療，在很多西醫的治療上有瓶頸的地方，確實是一股不可忽視的力量。

想要幫寵物轉診的飼主，建議應該跟原本的醫師先討論商量後再進行。除了互相尊重上以外，醫師其實也願意提供該病患在院內所做的檢查給新醫院。對於轉診後的醫師而言，先前的生病過程和治療計畫，對於接下來的治療，有著非常重要的依據。不然，我們怎會知道先前哪些藥物是不具有反應？或是哪些藥物恐怕已經產生了抗藥性。

小獸醫相信醫師跟醫師之間很樂意為了飼主和寵物而做討論，當然前提還是飼主居中的態度。轉診所代表的意義是希望藉由整個醫療環境的力量，來幫助需要被幫助的病患。之前很多轉診過來的飼主，由於沒有跟先前的醫師溝通，導致來醫院的時候很多病患狀況，飼主自己也不清楚，結果只能重新來過一次，這不僅耽誤治療時機，也是醫療資源上的浪費。

當然，過去怎樣並不代表現在的狀況，配合再做相關檢查，往往也是飼主朋友們要能夠理解的。

也見過很多飼主，不斷地更換醫院和醫師，但是問題始終沒有解決。這時候或許要認真思考：有沒有真的按照醫囑去做呢？或是在轉診過程中，我們有沒有真的知道醫師做了哪些檢查和治療？

必要的轉診是好的，但是轉診過程如果造成溝通上的問題，反而可能引發許多不必要的醫療糾紛，或是醫師與飼主、醫師與醫師之間的誤會。有良好的轉診觀念，想必當我們的毛孩子生病時，可以少受一些苦。

手術過後要不要住院？

很多飼主有這樣的疑問：「我的寵物要做某某手術，要不要住院呢？」

門診當中，通常會遇到需要動手術的情況，小獸醫將它分為四大類。第一類，因為輕微的外傷或局部傷口處理的問題而需要用手術處理。第二類，例行性的手術（非因疾病而需要開刀的手術），例如絕育手術。第三類，因為疾病而需要開刀處理的手術，例如子宮蓄膿、膀胱結石、腫瘤移除、腸胃異物、器官移等等。第四類，需要限制活動的手術，例如：骨科、關節、韌帶手術等等。

若是以人類來看，第二、三、四類的手術都要住院。原因很簡單，手術後的住院，目的是為了避免傷口感染、甚至要觀察患者術後的身體整體恢復情況。能夠交由醫護人員照護監控，掌握情況，及時處理，是最安全的做法。

我們把同樣的問題丟回動物身上，手術過後傷口感染的控制和身體恢復期的看護仍然是必要的。最大的癥結點在於動物不會知道傷口是否感染、不會知道不能去搔抓舔咬傷口，而術後身體恢復的良好與否更不會用言語表達。倘使有狀況出現，再加上飼主如果疏於或不懂得照顧，問題將變得更加複雜且麻煩。

現在人和寵物之間的關係甚密，不忍分離而讓寶貝住院的心態，其實可以理解。小獸醫常跟飼主說，看似冰冷的籠子，其實對於生病或術後的動物來說，其實是最安全的地方。因為能夠限制牠們的活動

空間，避免過度的運動影響傷口癒合。寵物們在有限的空間之內可以好好的靜養休息，同時更不會因為外在的不可測因素造成二次受傷或感染。（例如：外在環境的潮濕與否？乾淨與否？或者有無其他寵物會去舔咬傷口等等。）

那麼，究竟怎樣的術後情況需要住院？小獸醫認為，應該視寵物本身的情況為主要考量，同時飼主也該認真衡量自己能否善盡術後照顧的責任來做判定。如果是上述第三、四類性質的手術，寵物往往需要「專業」的護理，住院是絕對必要的。然而第一、二類的手術後照顧，如果飼主沒有十足的把握，或是時間上不能完全配合，也應該考慮讓寶貝住院。

許多術後帶回去照顧病患的飼主，其實都是對寵物疼愛有加，卻經常發生大大小小的狀況。原因在於：家長們會用自己疼愛的方式照顧寵物，而非醫生叮嚀的方式。像是很多飼主捨不得讓寵物戴上頸圈或頭套，結果造成傷口舔咬後的破裂。還有一些飼主，則是不想再負擔手術後住院的費用。

手術後的傷口組織是脆弱的，禁不起物理性地舔咬搔抓。是否有外在或內源性感染，以及外用及內服藥物的按時使用，也是傷口能否癒合良好的關鍵。

如果是因為生病而需要動手術的寵物，則手術後的血液或某些生理數值追蹤是必要的，例如：手術後是否有貧血？是否有白血球增多？

當然，患者的營養管理和食慾好壞，也絕對是身體能否如期恢復的重要因素。然而，每一隻寵物的年齡、身體狀況、個性、對手術後的適應性等等，都會影響身體的恢復程度。因此，對於寵物手術後是否住院，飼主應當謹慎看待。

沒事不要亂吃藥

現在的朋友飼養寵物，除了生活品質的提升外，對於很多醫療知識的涉獵和獲得，也跟以往不同。不過小獸醫還是要呼籲，知識取得的來源很重要，因為正確與否，常常差之千里。

很多飼主有這樣疑問：「動物是不是不要吃藥比較好？類固醇真的像毒藥一樣恐怖嗎？」

事實上，沒事真的不要亂吃藥，但是有病症吃藥絕對是必要的！

飼主害怕讓寵物吃藥，大多害怕傷害到寵物的肝腎功能——這樣的說法其實有很大爭議。試想，吃了藥的寵物，肝腎功能都有問題嗎？

沒事不要亂吃藥

小獸醫不贊成沒事的時候亂服用藥物，但是有病痛、有問題，藥物的使用往往就是必要的了。透過藥物可以緩解症狀、減輕痛苦、控制病情，甚至讓寵物恢復健康。不要只想到藥物可能帶來的副作用，應該考慮到生病所帶來的痛苦和健康影響。這兩者的權衡，適當的使用藥物絕對是必須的。再者，藥物不是毒藥，適當的療程使用和定期的監控，對於動物來說是安全的。除非連續使用藥物已經超過半年以上，才需要擔心肝腎的功

能。事實上，就算長期服用藥物的寵物，只要劑量控制得宜，也未必造成影響。

藥物像是一把銳利的刀子，正確的使用可以完成很多生活當中許多事情，但如果沒有注意到它本身的安全性，確實可能帶來不必要的傷害。

遠古時期，人類對於很多事情的懼怕是來自於無知。然而現今，人類對於很多事情的害怕是來自於「聽到太多錯誤的訊息」。醫師對於病患，除了診斷疾病之外，藥物的使用就像是必須的武器。正確投藥，藥到病除，也是臨床獸醫的責任。很多飼主帶寵物來看病，卻拒絕讓寶貝服用藥物，這讓小獸醫心中有很大的疑問：「有狀況有生病不吃藥，那要怎麼幫助患者緩解症狀？看醫師的目的又是為何？」

此外，也常遇到飼主會要求不要使用類固醇。類固醇對於急速緩解發炎、減輕疼痛，有非常好的效果，甚至在很多免疫系統相關疾病的使用上，更是必須的。使用的時機、使用藥物的種類、劑量等等，只要控制得宜，無須聞藥色變。通常在醫師的醫囑下使用類固醇，即便需要長期服用，只要有藥量的監控和身體狀況的追蹤，其實不用過度擔心。

還有些飼主，會自主性地給予寵物成藥服用。在沒有醫師把關劑量和藥物成分的情況下，我們常在臨床上發現如此而造成藥物過量，或不適當給藥導致中毒或更嚴重的後遺症。有些人類用的藥物，不可以用在動物身上，千萬別拿自己家中的寶貝當白老鼠來實驗。

寵物生病吃藥，並非很多人想像得那樣恐怖。藥物主要是幫助寵物恢復正常的生理機轉，回復健康。

如果對於藥物會有所擔心，可以在醫師開完藥方時，詢問該藥物的相關作用和副作用。多一分了解，就少一分擔心囉！

醫囑的重要性

寵物生病、看診、治療和後續的照顧，有諸多地方和人類不一樣。寵物生病不會說、不會表達，飼主可能因為疏忽或不懂而造成病情的耽擱。

影響寵物生病之後的康復，除了獸醫師的正確診斷和治療外，飼主是否能夠落實醫囑來照護寵物，往往是決定病情康復良好與否的關鍵因素。

什麼是醫囑呢？簡單的說，就是醫師吩咐飼主要配合的醫療照護相關事宜。醫師門診的時間是短暫的，但是病情的發展與恢復卻不斷地在進行著。良好的溝通絕對是最重要的步驟，這攸關飼主對病情的了解、對於照顧寵物時間和方式的了解、需要後續配合後追蹤的了解、遇到突如其來問題的應對等等。諸如以上的觀念，能否正確傳達讓飼主明白真的非常重要。我們甚至可以說，飼主是寵物的「家庭醫師」或「獸醫師所授予的分身」，一點也不為過。

如果溝通是最重要的要件，那真正的醫囑落實，責任就在飼主身上。很多朋友上網查詢寵物疾病的相關知識，但是要切記一件事，「沒有一個寵物會按照教科書上的描述去生病」。任何的疾病發生在任何寵物身上，都可能產生不同的病程和結果。換句話說，「每個生命一旦生了什麼病，都要視為單一的病例來處理」。儘管針對疾病的治療上，方式是有跡可循的，但那也只是大方向的作法，舉例而言，沒有人規定說腎衰竭的貓咪就不會有糖尿病，犬瘟熱的狗狗就不會有其他傳染病的複合感染。即使只是單一的病情發展，發生在不同的動物身上，就會有不同的症狀、發展不同的病程，對於治療的反應也不盡相同。當大家清楚這樣一個道理後，有病找醫師絕對是最正確的處置，而不是自己東摸西找，甚至用不當的觀念自行處理，否則往往耽誤病情，得不償失。

醫囑的執行上，也要依照每一隻寵物的個性、生活習慣、飲食情形和年齡等等來考量，同時把飼主的工作時間和生活習慣等等納入執行計畫當中。能夠按時餵藥，定時用藥，才可能收到預期的療效。定期的回診和病情追蹤，卻是飼主最容易忽略的部份。擅自停藥和停止預後觀察，常常也是許多慣性毛病無法得到良好改善的最主要原因。如果在執行上有困難，也要主動和醫師聯繫，調整治療方式。像是很多狗貓皮膚黴菌症的感染，往往需要四至八週的療程，其中藥物是否有效、是否需要調整用藥的劑量，以及寵物對治療中的反應和副作用等等，都是要持續讓醫師了解的。擅自停藥，怕會導致抗藥性的產生，甚至讓病情變得更加難以掌握，最後受苦的，還是我們的寵物寶貝。

國外的學者曾經指出，病患對於醫囑的執行，往往都會自動打折。像是一天應該餵三次的藥量，卻變成兩次，原本應該要一個月回診做抽血追蹤，卻拖了三個月的時間。這樣的執行效率，當然就會直接影響疾病的控制和治療品質。這也是為什麼很多獸醫師會把疾病的嚴重性很深刻的讓飼主明白，因為很多病程發展的好與壞，確實跟飼主的配合息息相關。

總之，醫囑的重要性往往是扮演寵物能否康復的關鍵角色。獸醫師的責任是做好診斷和治療，但是唯有認真配合的飼主，才能確保寵物的健康。

帶寵物看診時，請記得要把獸醫師說的話聽清楚，並確實執行。如果有不懂或有執行上的困難，也不要不好意思跟獸醫師做討論喔！

用心看待生病

寵物愈來愈受重視，相對也帶動寵物醫療品質的大大提升，這是愛動物的你我值得開心的事情，也反映出寵物在人類社會中伴侶的價值與地位。不過還是有些朋友停留在過去飼養動物的觀念，認為寵物只是畜生，生病可能就代表牠們已經不行了，這真的讓人遺憾。

某個下午，一位大約六十歲左右的老先生，進來醫院便聲稱他的狗狗這幾天都不怎麼吃飯。他自稱是早期博愛動物醫院的老客戶，查看病例資料，也將近五年多的時間沒帶動物來過了。

我們做過簡單的臨床觸診和視診後，發現狗狗有明顯的黃疸症狀，此外腹部裡面確實有一顆不正常的腫塊。由於這隻瑪爾濟斯已經九歲，加上連續幾天不吃飯，我當下建議主人應該讓動物做些檢查，好釐清問題真正的方向和原因。這隻狗狗的預防針和心絲蟲的預防都沒有做，飲食方面似乎也沒有很固定。

儘管我們告知檢查的必要性，但主人不太願意負擔檢驗的費用，而且還問：「不是打幾針就好了嗎？」然而，沒有正確的診斷，如何能夠正確用藥？

飼主又說，沒有辦法付一千多元驗血的錢，他只有預期打針和拿藥的幾百元，還說：「因為我沒有辦法花那麼多錢，不然就帶回去讓牠等死好了！而且錢如果花了，沒有辦法好，那不就浪費了。」小獸醫聽了幾乎傻眼，但是對於飼主這樣的態度，心中也只能感到無奈。

表明了不做檢查就沒有辦法用藥的立場，飼主討價還價後，我們還是幫狗狗做了最基礎和必要的檢驗。檢驗報告發現白血球高達六萬六千，同時出現非常嚴重的貧血，有肝指數過高和黃疸指數上升的跡象，當然也有脫水的情形。由於不是完整的檢查，我們只能對既有的

問題打針、拿口服藥，不過也跟飼主告知該寵物的狀況是非常危險和不樂觀的。

寫本篇文章，不希望大家用責難或批評的方式來看待這樣的事件（雖然重視動物的你我可能都會有不滿的情緒），而是希望大家能認真思考：當我們開始飼養寵物後，有沒有盡到照顧的責任（包含居住、飲食照顧，和醫療保健等等）？有沒有考慮到當動物年老或生病，跟人類一樣也是需要醫藥費來診治疾病、需要花更多時間照顧？

寵物沒有辦法選擇飼主，牠們的生存權和健康快樂的品質完全操控在飼主手裡。試想，如果我們老了，兒女對待我們生病，是用這種「漠視」或「不然就等死」的態度，會做何感想

呢？而且天底下，沒有那種「打了針，吃了藥，就保證會好的仙丹」。人類醫學如此，動物醫學亦然。認真看待寵物生病的過程，認真配合治療，把寵物當成伴侶、當成家人，我想，這樣的心態才是對的。

身為臨床獸醫師，對於飼主對待寵物生病的態度，感受特別深刻。很多飼主都會等到寵物已經不吃不喝，甚至發展到病程的末期才來就診。小獸醫常常在想：這些可憐的寶貝，往往只是來醫院給醫師宣判死刑的，然後再讓我們告訴飼主牠的問題是什麼。

臨床上遇到讓我們最無奈的不是生病的寵物，而是飼主的心態和態度。

愛牠們，就好好照顧牠們！牠們用十幾年的生命陪伴我們，如果到牠們年老開始生病了，我們卻連這些醫療照護都做不到，或許，該認真檢討自己了。

後記

在求學過程當中，一直有寫日記的習慣，把生活當中的點點滴滴記錄下來。當時很流行去書局買厚厚的日記本，就這樣手寫了七、八年的日記。回想起七年前（二〇〇六年），來醫院就診的朋友跟我說，應該把醫療上的點點滴滴也記錄下來。當時的自己沒想很多，只覺得能把一些就診的特殊狀況和特殊的臨床病例記載下來，對於選擇小動物臨床的這條路，對我而言是很有價值的。就這樣，開始經營化名為小獸醫的部落格。

起初多用簡單的文字和真實的圖片（有些比較血腥和驚悚），把工作當中遇到的個案放在部落格。漸漸的，開始有了一些固定的讀者。藉著發表文章，也檢視了自己，在這當中產生了更多內心深層的體會。因此也慢慢加入一些心情故事，以及具有衛教知識的文章。經過三到五年的時間發酵，網路上開始有更多人認識小獸醫了。

透過文字的傳達，我知道自己的身分已經不再是一個診療台前「只能扮演好理性的醫師」的角色了；我是許多人的朋友。也由於這樣的身分，更容易寄情也更容易用角色互換的方式來看待醫病關係。很多臨床上無法直接表達的想法觀念，透過部落格讓我能輕鬆地傳遞醫者的聲音。最終目的只盼望台灣小動物的診療市場，能在和諧當中不斷地進步。

我不過是一個既平凡又普通的獸醫臨床工作者，但我知道自己可以發揮些許的影響力；因為最真實和善良的呈現，透過分享，會產生很大的力量！回頭看看過去這七年的時間，已經累積了將近五百多篇的文章。

這本《毛孩子，不哭了——小獸醫的醫診情緣》，彙整了部落格些許的文章，同時也加入了不少最近發生的故事和想法。相較於部落格的簡單記載，這本書的篇幅闡述也較為完整。希望透過文字的表達和書本的傳遞，能讓更多讀者知悉獸醫臨床工作的點滴及心情。內容除了部份的飼主教育，更盼因為了解而讓獸醫診療的醫病關係更加和諧。

走過祖父和父親年代獸醫的過程，更能深刻感受到寵物醫療的快速蛻變。

也許，因為從小就和寵物生活一起，我更能夠理解伴侶動物對於人類生活的重要性。

這本書完成了自己諸多文章的一次重點整理，更盼望能帶來新的氣象和個人里程目標。同時也以此書，送給年齡已經高達九十二歲的祖父，以及一路上指導我的父親——在他即將退休之際，當作獻給爸爸的禮物。

更感謝許多獸醫先進這段時間的指導。

本書文章的闡釋，僅是個人於臨床工作的體會，是不能取代其他臨床工作者的所有想法的，也盼所有的先進同業能給予更多指教。

毛孩子，不哭了 : 小獸醫的醫診情緣 /
林煜淳著. -- 初版. -- 臺北市 : 奇
異果文創, 2014.02
264 面 ;17*23 公分. --（好生活 ; 1)
ISBN 978-986-90227-1-2(平裝)

1. 獸醫 2. 診斷學

437.2 103000463

毛孩子，不哭了——小獸醫的醫診情緣

好生活
001

作　　者　林煜淳
照片提供　林煜淳

美術設計　施明竹
封面畫者　施明芳
總 編 輯　廖之韻
創意總監　劉定綱

法律顧問　林傳哲律師 / 昱昌律師事務所

出　　版　奇異果文創事業有限公司
地　　址　台北市大安區羅斯福路三段 193 號 7 樓
電　　話　(02)23684068
傳　　真　(02)23685303
網　　址　https://www.facebook.com/kiwifruitstudio
電子信箱　yun2305@ms61.hinet.net

總 經 銷　紅螞蟻圖書有限公司
地　　址　台北市內湖區舊宗路二段 121 巷 19 號
電　　話　(02)27953656
傳　　真　(02)27954100
網　　址　http://www.e-redant.com

印　　刷　永光彩色印刷股份有限公司
地　　址　新北市中和區建三路 9 號
電　　話　(02)22237072

初　　版　2014 年 2 月 9 日
ISBN　978-986-90227-1-2
定　　價　新台幣 330 元